永磁滑差传动机构
设计、仿真与优化

邹政耀　付香梅　卢军锋　著

清华大学出版社
北京

内 容 简 介

本书提出一种利用永磁非接触传动特性实现不中断动力换挡的方案,降低换挡冲击。在简要阐述相关磁学知识后,就利用永磁体本身磁导率低的特点,更进一步介绍磁学知识的应用场境,介绍了几种新发电机和电动机结构;并且重点介绍了永磁滑差传动机构方案的构思过程、性能与结构参数之间的关系、磁场仿真计算和优化设计;将已有的磁学理论和磁场仿真计算方法应用于新型的永磁滑差传动机构的设计研究,结合新结构的磁路特点提出了等效面积的计算方法。

本书理论性和实用性强,可作为机械传动相关领域的工程技术和科学研究人员的参考用书。

图书在版编目(CIP)数据

永磁滑差传动机构设计、仿真与优化/邹政耀,付香梅,卢军锋著.—北京:清华大学出版社,2023.12
ISBN 978-7-302-65105-5

Ⅰ.①永…　Ⅱ.①邹…②付…③卢…　Ⅲ.①永磁式电机　Ⅳ.①TM351

中国国家版本馆 CIP 数据核字(2024)第 000859 号

责任编辑:许　龙
封面设计:傅瑞学
责任校对:欧　洋
责任印制:丛怀宇

出版发行:清华大学出版社
　　　　网　　　址:https://www.tup.com.cn, https://www.wqxuetang.com
　　　　地　　　址:北京清华大学学研大厦 A 座　　　邮　　编:100084
　　　　社 总 机:010-83470000　　　　邮　　购:010-62786544
　　　　投稿与读者服务:010-62776969, c-service@tup.tsinghua.edu.cn
　　　　质量反馈:010-62772015, zhiliang@tup.tsinghua.edu.cn
印　装　者:三河市人民印务有限公司
经　　　销:全国新华书店
开　　　本:185mm×230mm　　印　　张:9　　　　　字　　数:194 千字
版　　　次:2023 年 12 月第 1 版　　　　　　　　印　　次:2023 年 12 月第 1 次印刷
定　　　价:65.00 元

产品编号:089935-01

前言

永磁传动为非接触传动,能实现隔振、软启动和解决动密封问题。目前主要有永磁耦合传动和永磁齿轮两种方式,在食品加工、化工设备和高精度加工等领域应用。利用永磁传动的非接触特性,解决汽车换挡时的冲击问题,对提升汽车的换挡品质具有帮助。

本书对涉及的磁学知识进行了梳理,介绍了磁学的一些基本量、磁路和铁磁材料知识,穿插一些应用实例,例如自动冲压线上使用永磁体分离冲材的磁学原理;小尺寸整体式永磁转子多磁极的充磁问题;为避开相邻永磁体在磁路中的大磁阻而提出的新型永磁直线发电机、内转子永磁电动机、盘式永磁电动机和外转子永磁电动机的结构,通过这些实例更深入理解磁学知识。在此基础上对永磁滑差传动机构的实现方案进行了研究,在讨论轴向往复运动、扇形永磁体叠加这些方案后,选定扇形永磁体和偏心圆弧异形永磁体组合的方案继续研究,以获得平稳的磁扭矩-相对转角特性。重点讨论了偏心圆弧的圆心位置、半径大小这两个参数对于磁扭矩-相对转角特性的影响。结合磁路特性和铁心材料特性,讨论了气隙尺寸、扇形永磁体和异形永磁体参数、硅钢片铁心结构及尺寸对于磁扭矩-相对转角特性的影响。运用3D磁场分析揭示了这些参数变化对于磁扭矩-相对转角特性影响的内在逻辑,提出使用等效面积法作为优化设计和计算的方法。设计BP神经网络仿真模型对结构参数进行了优化设计,在给定设计目标后,能快速获得最佳匹配的系统结构参数,即扇形永磁体和异形永磁体参数,并且使用遗传算法极值寻优了异形永磁体的结构参数。最后提出了能输出精确正弦规律的双曲柄连杆机构,使用正弦规律的位移、速度驱动磁盘,能精确地动态测试永磁滑差传动机构的磁扭矩-相对转角特性。

本书由金陵科技学院邹政耀、付香梅和卢军锋共同完成,全书由邹政耀统稿。在写作过程中引用了参考文献中的相关内容,对于资料的作者表示感谢。另外还要感谢刘英老师的指导,感谢张瑞、邹务丰协助整理资料。本书由金陵科技学院高层次人才引进项目(项目号:jit-rcyj-201701)资助出版。

由于永磁传动技术还在发展中,很多相关技术和理论也在研究过程中,加上作者水平有限,书中的疏漏和不当之处在所难免,敬请指正。

作　者

2023 年 5 月

目录

第1章

绪　论

1.1　研究的目的和意义

　　舒适的汽车乘坐体验是用户和汽车设计人员共同的追求,降低换挡冲击对实现这个目标具有非常大的意义。现代汽车普遍采用自动变速器来提高换挡品质、降低驾驶劳动强度。汽车传动系中发动机和变速器之间部件的性能对于提高换挡品质非常重要,同时要求该部件具有效率高、体积小和维护方便等特点,因而发展出较多的类型。目前使用的典型部件有膜片弹簧离合器、液力变矩器、双离合器和湿式多片离合器,各自具有优势和不足。配备手动挡变速器的汽车依赖驾驶员的驾驶技术,驾驶员依靠经验根据发动机转速、车速、路况和加减速要求对离合器分离和接合的规律进行控制。配备双离合器的自动变速器换挡时间短,可获得很好的换挡品质,但它对机电液控制系统要求很高。配备液力变矩器的液力机械式自动变速器的汽车,依靠精确控制多个湿式多片离合器的接合和分离规律达到高品质换挡,目前已经有具备 9 个前进挡位的量产产品,产品起步性能很好,但在低挡时有时能感受到换挡冲击,且结构复杂。

　　以膜片弹簧离合器为例,换挡冲击的产生是由于汽车使用了有级变速机构,在离合器分离前其主、从动部件转速一致,换挡是在离合器分离后,有级变速机构通过换挡改变了离合器主动部件的转速,离合器主动部件的转速和发动机转速一致,由于松开油门使得发动机转速下降,而从动部件由于车速变化小认为基本不变,因此主动部件和从动部件之间存在速度差,当离合机构接合时,如果传递扭矩的冲击度较大,则引起较大换挡冲击,使得换挡品质降低。装备有液力变矩器有级变速机构的汽车存在同样的问题,特别是在低挡时有明显的换挡冲击感觉。无级变速器虽然很好地解决了这个问题,但在成本、功率容量和起步控制等方面存在一些问题,限制了其应用推广。

　　降低换挡时扭矩的冲击度可以降低换挡冲击的强度,为解决这个问题,目前已经研究出很多方法。例如,液力机械式变速器采用增加挡位数的方法,通过缩小换挡时液力变矩器泵轮和涡轮之间的转速差来降低换挡冲击和提高效率,但提高挡位数导致变速器结构复杂,控制元件多,在低挡时仍然存在较强的换挡顿挫感。双离合器自动变速器则通过两个离合器的组合作用,即在短时间内两个离合器同时处于滑摩阶段,然后控制两个离合器压力的快速增加和减小,达到换挡品质提高的效果,但滑摩功率大会产生大量的热,引起离合器温度升高。

为实现平顺换挡的目的,提出了永磁滑差传动机构,利用永磁传动具有非接触的优势,在换挡时传递扭矩为 $10\sim20\mathrm{N\cdot m}$,能在相对转速为 $0\sim100\mathrm{r/min}$ 范围内无级变速传动,实现不中断动力换挡,基于这个特点达到降低换挡冲击的目的,获得较好的换挡品质。目前使用的永磁传动机构主要有永磁联轴器、永磁齿轮和永磁涡流耦合器。其中永磁联轴器主要应用于食品加工设备、化工设备和精密加工设备,为非接触传动,主动部分和从动部分有小相位差,但平均速度不能改变,即传动比为 1。永磁齿轮作为一种非接触传动形式,可获得较高的传递扭矩密度,目前国内吉林大学、东南大学、江苏大学和合肥工业大学等大学有较好研究成果的报道,但它的传动比是固定的,也不能实现滑差传动。永磁涡流耦合器也是永磁耦合传动的一种,这里将其单独列出,永磁体在从动铜盘中感应电流,利用感应电流产生的电磁场与永磁场之间的力进行传动,能实现无级变速,但总是存在转速差,一般最小为 3%,这使其在汽车传动中由于效率低而难以应用,且体积较大。而本课题拟研究的永磁传动机构将具有两种工作模式:永磁滑差传动模式和永磁联轴器传动模式,在固定挡位传动时为永磁联轴器传动模式,效率接近 99%,在换挡时为永磁滑差传动模式,实现无级变速传动以平稳传递扭矩,降低换挡时扭矩变化的冲击度。随着永磁材料的发展,永磁材料具有高磁能积和矫顽力,为本课题的研究提供了前提条件。难点在于永磁滑差传动工况,如何保持磁扭矩波动较小和控制精度较高是一个基本的目标,其可行的前提是要设法获得平稳的磁扭矩-相对转角特性。因此本课题聚焦于平稳磁扭矩-相对转角特性的研究,驱动磁盘和发动机转速一致,输出磁作变速转动,以达到换挡时能实现无级变速平稳传动,降低换挡冲击,实现高品质换挡,提高换挡舒适性。永磁传动机构具有结构简单、制作成本低、因磨损小而使用寿命长和本身能缓冲振动的特点,使得传动更平稳可靠,在固定挡位行驶时工作于联轴器工况而具有高传动效率,和摩擦离合器配合工作时能实现低冲击度自动换挡。实现装配低成本自动换挡控制机构和较易实现的自动换挡的控制策略,为我国汽车工业自动变速器离合机构的国产化提供一个新的可选方案,永磁传动机构能有效降低换挡冲击,对避开国外自动变速器零部件专利、提升国产自动变速器离合部件的品质具有很好的参考意义。

1.2 研究背景和研究内容

自动变速器根据驾驶人的驾驶意图负责把发动机动力自动、高效、平顺地传递到车轮,其性能与整车的动力性、燃油经济性、安全性、舒适性和操作便利性等密切相关。自动变速器控制技术的发展分为三个阶段:液力控制阶段、电液控制阶段和智能控制阶段。智能换挡控制系统在换挡时考虑了行驶工况、驾驶人的操作意图和车辆自身性能状况,使车辆像经验丰富的驾驶人一样自动换挡,满足车辆行驶的各种性能需求[1]。2015 年我国自动变速器的市场需求超 1000 万台,而自产变速器的市场占有率不足 3%,我国是汽车大国而不是汽车强国的根本原因是我国汽车核心零部件技术不强,以汽车自动变速器为代表的核心零部件长期依赖国外进口。掌握自动变速器等核心零部件的技术及其产业化,是几代中国人一直不断努力的目标。

液力自动变速器的换挡元件通常包括多个离合器和制动器,且它们分布在自动变速器的不同部位。布置位置的不同导致每个离合器的滑移值以及转矩容量值对于整个系统的影响程度不一样,但是在换挡过程中必须完成离合器之间的转矩交换和离合器滑差控制。为解决这个问题,戴振坤等基于滑差和转矩等价的原则,将离合器等效迁移至输入轴的位置,从而使液力自动变速器的离合器控制变为双离合器的控制[2]。这些措施实现了自动变速器快速和高品质的换挡,但需要控制多个执行零件且同时按一定时序规律精确控制两个离合器接合和分离的过程,因此要求控制系统的传感器信号和执行机构的精度非常高,设计制造标准高。

基于上述结构的部分不足,因而拟采用干式离合器和永磁滑差传动机构并联的工作方式,干式离合器为开关信号控制,永磁滑差传动机构承担过渡工况的无级变速传动。由于永磁滑差传动机构有两种工作模式:永磁滑差传动模式和永磁联轴器传动模式,当车辆在固定挡位传动时效率高,在换挡时能实现小扭矩无级变速传动,类似于离合器半联动传动状态。如此则无需工作液,降低了控制系统的复杂程度和实现难度,且可以用于纯电动汽车的二挡变速器,降低换挡冲击和换挡异响。

1.3　自动变速器换挡技术国内外研究现状

自动变速器是集机、电、液、控于一体的汽车核心零部件,其换挡特性对乘坐舒适性有较大的影响。根据换挡过程中发动机驱动转矩正负及升降挡的不同,换挡过程工况分为以下四种主要类型:有动力升挡、有动力降挡、无动力升挡、无动力降挡,相关发动机节气门开度、发动机通过离合器对车辆的扭矩、典型工况和发动机转速变化方向如表 1-1 所示。现代液力自动变速器的换挡控制包含对发动机和离合器的双重控制,而单纯针对发动机或离合器的控制研究、两者联合的研究和控制规律的算法研究,均能降低换挡冲击以提高换挡品质。

表 1-1　四种主要换挡类型

换挡类型	发动机通过离合器对车辆的扭矩	节气门开度	典 型 工 况	发动机转速
有动力升挡	驱动扭矩	开度不为零	车辆加速升挡	降速
有动力降挡	驱动扭矩	大开度	车辆加速超车	升速
无动力升挡	阻力矩	收起超速踏板,节气门开度减小	超车后,车辆滑行升挡的过程	降速
无动力降挡	阻力矩	开度为零	车辆减速滑行降挡	升速

1.3.1　换挡品质指标的研究

现代汽车的自动变速器一般依赖有级变速器进行换挡,其换挡品质与发动机性能、变速器性能、整车性能和路况等均有关。一般起步时换挡冲击较大,深入研究起步品质和换挡品质的评价指标具有较大的意义,一些新的评价指标也被提出。武汉理工大学的冯杰等以换挡过程的生物力学与工学分析为基础,提出换挡清晰度、换挡力度、操作系统的设计与布置、换挡的振动和噪声四个评价指标,系统分析和构建了基于消费者主观评价的汽车换挡性能评价体系[3]。这四个指标涉及变速器参数、控制系统性能和人体工程学,均与换挡品质有较大的关系。针对双离合器自动变速器控制品质的评价系统是复杂的多层次和多指标系统,吉林大学的宋世欣从控制的角度出发将评价指标细分定义,设计了控制品质评价系统,并研究了各个评价指标与控制品质的映射关系,图 1-1 给出了起步品质和换挡品质的评价指标[4],具体有加速度峰值 a_p、换挡冲击度 j_{p-n}、换挡时长 t_L 以及发动机转速波动 $\Delta\omega_e$

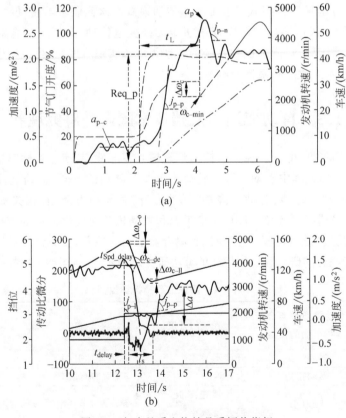

图 1-1　起步品质和换挡品质评价指标

（a）起步品质评价指标；（b）换挡品质评价指标

等。换挡品质较复杂且具有研究意义,有的指标是相互矛盾的,例如增加滑摩时长能降低扭矩冲击度,但对于摩擦片的热负荷和效率不利,因此需要对发动机和变速器之间的连接机构做进一步的研究。

1.3.2 离合器控制的研究

随着电控技术的发展,离合器成为自动变速器最主要的换挡元件,且其接合和分离规律能按一定规律被精确控制,通过控制离合器即能大幅提升换挡品质。

奥地利约翰·开普勒林茨大学的 Schoeftner 等研究了过去几年的自动变速器和手动变速器的应用状况,指出双离合变速器(DSG)在生产成本、转换质量、驾驶性能和燃油效率方面是合理的折中方案[5]。美国密歇根大学蒂尔伯恩分校的 Elzaghir W 等提出了具有双离合器变速器的混合动力汽车的自适应控制,用于速度和档位变化期间控制电动机,与传统的操作方法相比,可以减少扭矩中断,并减少车辆晃动[6]。韩国科学技术院的 OhJJ 等侧重于对双离合器变速器的每个离合器上的传递扭矩进行可靠的单独估算,所提出的双离合器变速器扭矩估计器被证明适合实际汽车应用[7]。荷兰埃因霍芬理工大学的 Koos van Berkel 等利用离合器接合阶段来明确区分每个目标的控制规律,通过快速的离合器接合以减少换挡时间,通过平稳的离合器接合以准确地跟踪所需扭矩而不会出现明显的扭矩下降[8]。这些针对不同目标部件的控制是较复杂的,对于实际应用具有可见的帮助,但也使得在应用时增加了系统的复杂程度。

通过优化离合器分离和结合规律,能有效减小换挡的冲击度,达到提升换挡品质的目的。江苏大学的于英等优化了换挡品质,图 1-2 为 1 挡升 2 挡时两个离合器传递扭矩的变化规律[9]。从图 1-2 中可以看出,两个离合器分离和接合的时间非常短,在 0.3s 内完成换挡且要求两者之间具有精确的相位关系,可见控制系统的难度很大。同济大学的赵治国等基于自主开发的 6 速干式双离合变速器,提出了提前接合目标挡位离合器以减小同步器两端转速差的协调控制策略和拨叉轴位置伺服控制策略,以改善双离合变速器预换挡品质,在预换挡同步阶段及接合套与齿圈啮合阶段的初期,冲击度均未超过 3m/s^3,提升了舒适性[10]。

还有更进一步针对换挡过程中的细节的研究,如北京航空航天大学王书翰等为了解决自动变速器静态换挡中充油阶段结束时刻离合器油压波动问题,分析了静态换挡的关键充油特性,并提出了充油阶段的优化控制策略,构建了包括手动阀、液控换向阀和离合器的机电液多物理耦合的仿真模型并进行了仿真分析[11],当换挡开始时刻手动阀阀口的开口设为 2.85mm 时,在 0.02s 间隔内离合器压力从 0.152MPa 降低为 0.148MPa。从该研究可以看出,仅仅是充油阶段的控制策略已经具有较高的技术含量,对于自动变速器的整体控制及其与整车的匹配,则更复杂。

双离合变速器是综合成本和性能而实现的一种较新的自动变速器,换挡时为避免动力中断,要求两个离合器分离同时作用一段时间,才能实现不中断动力换挡和消除换挡冲击,

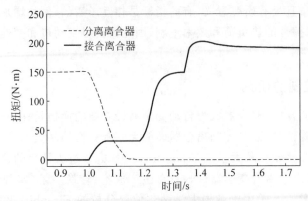

图 1-2　1 挡升 2 挡离合器扭矩

因而较好的换挡品质是其优势。但如果控制不当可能造成两个挡位之间发生互锁干涉或动力中断，使传动系统产生较大的动载荷，造成离合器滑摩、自激振动、传动系统冲击及换挡冲击等现象，表现为变速器输出轴上产生转矩波动，所以需要联合发动机控制来提高换挡品质。

双离合变速器是兼顾了成本和效率的传动方案，具有较好的换挡品质，但由于两个离合器有短时间同时摩擦的状态，必然存在运动干涉。上述研究显示对于发动机和两个离合器的控制要求高，时间短且相位精确，在实际应用的某些场合可能很难实现。

1.3.3　离合器和发动机联合控制的研究

发动机的速度特性和负荷特性对于换挡品质的影响也非常大，有国外品牌出现了换挡时发动机转速突然大幅升高的状况，后通过升级软件解决该问题。发动机和变速器之间的匹配研究，不仅对发动机的多项性能有影响，也对变速器的换挡品质有非常大的影响。

换挡规律如果没有和特定发动机进行较好地匹配，会引起发动机的许多问题。瑞典林雪平大学的 Lars E 等针对大型柴油发动机，研究了废气再循环系统对加速性能的影响，优化废气再循环系统的控制策略可改善低速加速时的换挡性能和排放[12]。英国 Strathclyde 大学的 Gerasimos T 等研究了可变几何涡轮增压器对柴油发动机的影响，并提出了可变几何涡轮增压器执行器的控制方法以降低机体抖动[13]。巴基斯坦首都科技大学的 Ghulam M 等使用容错技术控制可变几何涡轮增压器，使得发动机的抖动减小[14]。从针对发动机变工况控制的研究可以看出，短时间内精确控制发动机的输出性能难度较大、要求较高。

为提高换挡品质，需要结合发动机的控制。哈尔滨工业大学的高金武等结合在升挡过程中的转矩相，通过增大电子节气门的开度抑制变速器输出转矩的下降；在惯性相，通过增大点火提前角抑制变速器输出转矩的过冲。为抑制变速器输出转矩的波动、提高换挡过程的舒适性，以节气门开度和点火角作为输入量，提出一种换挡过程中的发动机转矩调节策略[15]。另外，在换挡过程中，无论是转矩相还是惯性相，车辆加速度变化率均有所减小，提高了换挡舒适性。但双离合变速器使用滑摩方式实现换挡,还是存在磨损和发热的缺点。清华大学的万国强等搭建了由 DEUTA BF4M1013 单体泵柴油机和 Allison S2000 液力自动变速器组成的动力传动系统,制定了换挡过程发动机协调控制策略,通过发动机协调控制,减小升挡过程发动机的喷油量,就可以有效地抑制输出轴转矩的增加,并显著地减小升挡过程的正向冲击度和滑摩功,其结果如图 1-3 所示[16]。

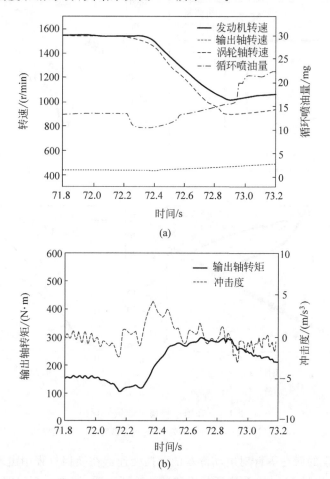

图 1-3　基于转矩的发动机协调控制的特性

(a) 换挡时的转速和喷油量曲线;(b) 换挡时发动机的输出转矩和冲击度曲线

换挡时对发动机和离合器进行联合控制,也能有效改善换挡品质。北京理工大学的高等通过调节发动机以对离合器进行了控制,达到降低离合器滑摩功的目的,图 1-4 展示了油门开度、输出转矩、离合器转速和滑摩功等研究结果[17]。以双离合自动变速器为分析对象,合肥工业大学的常佳男等提出并建立了双离合变速器的 3 种状态动力学模型,详细分析了换挡过程中有无功率循环及两离合器不同动作顺序对换挡冲击度的影响,提出了换挡过程中基于发动机转速调节的双离合器控制策略,具体为在换挡时突然将发动机节气门开度从 50% 减小到 45%,提前 0.3s 降低发动机转矩,离合器滑摩功从 31W 降低到 19W,使离合器的主、从动盘同步时间缩短了约 0.3s,仿真结果表明,理论分析所得控制策略能有效降低双离合自动变速器换挡冲击[18]。

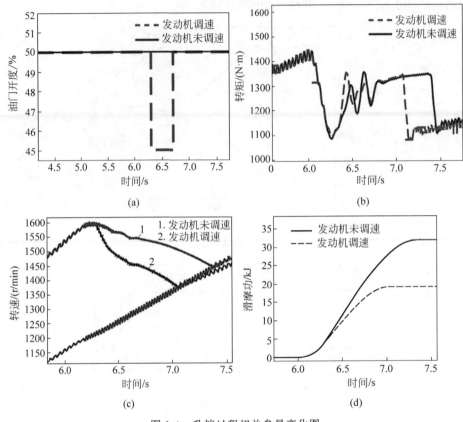

图 1-4　升挡过程相关参量变化图

(a) 油门开度；(b) 输出转矩；(c) 离合器转速；(d) 滑摩功

　　北京理工大学的武达等针对电动汽车的两挡变速器在换挡过程中出现油泵供油不足的情况增加蓄能器,通过 Simulink 仿真分析和试验验证表明,该方法不仅能缩短换挡时间,还能降低转矩冲击[19]。吉林大学的韩鹏等采用动态规划理论制定了基于传动系一体化控制的传统双离合变速器最佳挡规律,并对最佳换挡规律分别进行仿真和实车试验,结果表明在不影响动力性的前提下,能够有效降低换挡频率和换挡冲击[20]。合肥工业大学的夏扩远等提出了静压-机械双流传动机构,该机构兼具静压传动传递转矩大和机械传动效率高的优点,对系统及各组成模块进行了动力学建模,基于 AMEsim 和 Simulink 搭建了联合仿真模型,并且验证了换挡调控策略的正确性[21]。上海交通大学的郑昌舜等介绍和分析了丰田

THS 和通用 Voltech 两种混合动力变速器的结构及工作原理,比较了它们的混合动力效率[22],同时评价了它们的乘坐舒适性的提高程度。重庆理工大学的林昌华等在无极变速器(continuously variable transmission,CVT)的基础上提出了 IVT(infinitely variable transmission),IVT 是综合 CVT 和其他传动机构的一种功率分流传动机构,拓展了无级传动速比范围且提高了最大输出扭矩[23],在一定程度上解决了金属带 CVT 输出扭矩较小的问题,但是 IVT 在传动过程中存在一定的功率回流,妨碍传动效率的进一步提高。华南理工大学的黄向东等和北京理工大学的陈东升等提出了其改进方案[24-25]。

液力自动变速器(AT)由于具有换挡品质相对较高和扭矩适应面广等优点,仍将是未来汽车市场自动变速器的主流产品[26]。AT 换挡时,往往会引起换挡冲击、动力中断、操纵件加剧磨损等换挡品质不良的问题,导致汽车舒适性下降和机件寿命缩短,对整车性能有很大的影响。换挡过程的高质量控制是 AT 研究领域中的重要课题。北京航空航天大学的戴振坤等提出了不同换挡模式对应的发动机转速控制具有各自的规律(如图 1-5 所示)[2]。这些规律和液力变矩器的特性是相关的,不同的液力变矩器特性也不同,再综合考虑发动机性能、整车性能和变速器参数,匹配要求也不相同。

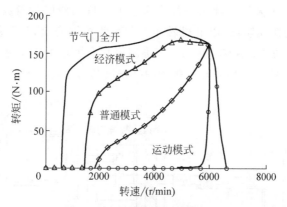

图 1-5　发动机的不同驱动模式

液力变矩器的铸造工艺非常复杂,铸造砂型的包浆很薄,其厚度一致性要求高,制造成本高。其最高传动效率与齿轮传动有一定的差距,在需要变速的工况时效率有待提高,且效率随转速差的增大而减小。虽然实现了小速比范围内的无级变速,但由于随转速差的增大而输入转矩增大,使得换挡冲击较大,尤其在低挡时换挡冲击大,降低了起步品质。如有更好的小速比变化范围的无级传动机构,能在一定范围内替代液力变矩器,且具有更好的效率和换挡品质,则具有现实应用意义。

1.3.4　离合器算法的研究

对于非液力自动变速器中的车用离合器,在自动换挡时也需要精确控制其分离和接合规律。电动汽车的两速变速器同样存在换挡冲击,多种机械结构已经有研究报告,与现有的单减速器不同,当使用两速变速器时,在变速较大时会发生换挡冲击。韩国国立交通大学的 Kim 等提出了一种具有变速序列的速度控制算法,通过仿真研究以减少装备有两速电控机械自动变速器(AMT)的中/大型电动汽车的变速冲击[27]。澳大利亚理工大学的 Walker 等研究了在多速可动力换挡的电动汽车中基于转矩的动力总成控制,换挡瞬变可从较小的转子惯性和最小的飞轮惯量需求中受益,可以实现高质量的换挡[28]。在自动变速器换挡的离合器接合过程中普遍存在抖动现象,极大地影响了车辆的乘坐舒适性。针对该难题,湖南大学肖力军等研究了升挡中抑制离合器接合抖动的最佳控制,获得了电机转矩和离合器摩擦转矩的最优轨迹,从而可以明显降低抖动[29]。但由于驱动电动机转子的转动惯量远大于摩擦离合器从动部分的转动惯量,目前装配有二挡变速器的电动汽车在高速换挡时均存在较大换挡冲击和换挡异响。

AMT 换挡算法对于提升其换挡品质具有较大的潜质,能有效降低滑摩功等指标。合肥工业大学姜建满等采用基于模糊推理的变论域方法,为 AMT 自动离合器提出变论域模糊控制策略,当仿真和试验验证换挡时间从 0.93s 增长到 1.02s 时,冲击度从 7.55m/s^3 下降到 5.69m/s^3、滑摩功从 14.96kJ 下降到 13.69kJ,降低了离合器的磨损,提高了换挡过程的平顺性[30]。华南理工大学的叶杰等综合考虑冲击度与滑摩功等换挡性能指标,提出如图 1-6 所示方案,在转矩相阶段,以电机转矩变化率为控制变量,基于极小值原理求解控制系统的最优状态变化轨迹;在惯性相阶段,协调控制电机转矩使摩擦片式离合器转速差轨迹曲线跟随目标曲线,能较好地处理转矩相中冲击度与滑摩功的矛盾,也可有效降低惯性相的滑摩功[31]。

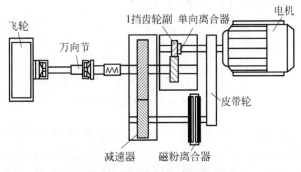

图 1-6　试验台架方案原理图

为更好解决换挡时间和滑摩功之间的矛盾,提升乘坐舒适性,有研究提出了针对性的控制算法。湖南大学的何雄等针对电动机械式自动变速器换挡时间较长的特点,基于动态滑模理论,提出了一种换挡电机动态滑模控制方法,并将它应用于电动 AMT 汽车换挡执行机构的位置跟踪控制,换挡时间有明显缩短,有效地改善了 AMT 的换挡品质[32]。武汉理工大学的黄斌等以装备电驱动自动变速器(EMT)的纯电动汽车动力系统为研究对象,将换挡控制过程分为 5 个阶段,以冲击度为主要边界条件、动力中断时间为次要边界条件,分析各阶段的换挡影响因素,阐述各阶段的控制方法。台架试验结果表明,换挡动力中断时间最大值小于 1s,平均值小于 0.8s;换挡过程最大冲击度小于 $16m/s^3$,平均冲击度小于 $8m/s^3$,提高了换挡品质[33]。为详细分析换挡过程中有无功率循环及两离合器不同动作顺序对换挡冲击度的影响,合肥工业大学的常佳男等提出并建立了双离合变速器 3 种状态动力学模型,提出了换挡过程中基于发动机转速调节的双离合器控制策略,如图 1-7 所示[18]。

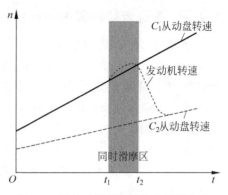

图 1-7　无功率循环的发动机控制方式

换挡冲击在 AMT 和 EMT 中均是一个较大的问题,其根本原因是存在中断动力换挡,特别是 EMT 用于高速电动汽车的二挡变速器时,由于受成本、重量和效率等因素的影响,其控制难度较大。且由于驱动电动机转子的转动惯量较大,使得控制换挡时的快速性和各元件精确相位关系难以完美获得,如果在机械上能降低其难度,则能大幅降低控制难度。可见如果能解决中断动力换挡,更好地突出 AMT 和 EMT 结构简单、造价低和维护成本低的优点,则对于进一步扩展它们的应用范围,具有非常大的推动作用。

综上所述,为获得较好的换挡品质,国内外的研究者在变速器的结构、控制算法、控制机构方案、与发动机匹配策略等方面均进行了深入研究。这些措施有效提高了系统效率和换挡平顺性,但摩擦式离合器依赖驾驶员的技术获得较好的换挡品质,难以在装配排量大于 3.0L 的汽车上使用。在这些通过精确控制离合器换挡规律的方案中,有两种情况,一种是离合器分离后换挡,再接接合离合器;另一种是两个离合器在一个分离的同时另一个接合。第一种情况存在动力完成后会中断一小段时间,而第二种情况则需要非常复杂和精确的控制系统,且在汽车起步时需要进一步提高汽车舒适性。例如装配 AT 存在换挡冲击,特别是在起步时偶尔冲击较大让驾驶者觉得车被追尾。双离合器有潜在的过热危险,甚至有报道汽车失去动力。液力变矩器在汽车低速行驶时存在效率需要提高的问题,而较多的挡位引起汽车初始购置成本较高。因而尝试开发发动机与变速器之间的新型连接部件,使其有结构简单、成本低和维护少的特点,具有现实意义。

1.4　永磁传动技术国内外研究现状

永磁传动为非接触传动,能实现隔振、软启动和解决密封问题,其类型主要有永磁联轴器、永磁齿轮和永磁涡流传动机构,主要用于食品机械、化工机械和精密加工等领域。其中永磁涡流传动机构由于主动元件和被动元件之间必须存在转速差,降低了效率和需要散热,不再讨论。重点讨论永磁联轴器和永磁齿轮。

1.4.1 永磁齿轮的国内外研究现状

永磁齿轮的非接触传动特性使其具有巨大的潜在优势,美国得克萨斯农工大学的 Matthew 等比较了单级设计、串联连接单级和复合差动三种结构磁场调制齿轮的扭矩密度和效率[34]。俄罗斯莫斯科国立大学动力学院的 Oleg 等提出了一种仅具有两个旋转部件的行星式永磁齿轮的新颖拓扑结构,提出的磁齿轮的扭矩密度为 187kN·m/m³[35]。

意大利帕多瓦大学的 Mauro 等将非接触永磁齿轮传动装置用于机载飞轮储能系统以驱动重型电动客车[36]。磁场调制式永磁齿轮传动由于扭矩密度高,近年来在国内外被广泛研究,同时也有其他多种新型的结构被研究。随着研究的深入,永磁齿轮的应用领域将会得到进一步的拓展。

永磁齿轮为一种非接触传动,同时为非刚性传动,能有效隔振,使得电动机使用寿命更长,特别是发展起来的永磁斜齿轮传动,用于精密加工则显著提高了加工精度。东南大学的付兴贺等按照时间顺序综述了有关磁力齿轮的研究历程,如图 1-8 所示,2001 年后快速发展得益于稀土强磁材料的发展,2006 年后则有很多新型的永磁齿轮出现,以满足不同应用场合的需求[37]。

为提升永磁齿轮的传动性能,适应不同场合的需求,有相关研究提出了新型结构。例如,兰州理工大学的刘美钧等引入了阻尼线圈[38],燕山大学的郝秀红等针对偏心内转子设计的磁场调制型磁齿轮[39]。

为了提高同轴齿轮的高扭矩密度,三峡大学的井立兵等提出了一种带有内转子偏心极和外转子 Halbach 阵列的大容量同轴磁力齿轮[40]。

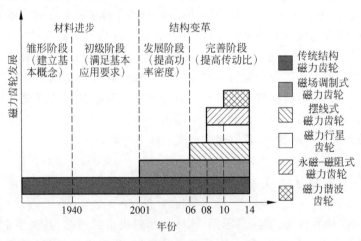

图 1-8　磁力齿轮的发展历程

磁场调制型磁齿轮中的磁通调制器的形状是影响转矩及其波动的关键因素之一,一般磁通调制器是通过堆叠分列的钢叠片来组装的,为了使磁通调制器结构简化、工作更可靠,华北电力大学的詹阳等实现了由全叠片制成的互连磁通调制器,并分析和试验了其扭矩性能和波动性能[41]。

由于永磁齿轮具有非接触传动的优点,使其在一些场合应用具有较大的优势,但存在强磁材料成本较高、永磁齿轮体积较大等不足。因而为提高永磁齿轮的扭矩密度提出了较多的新型结构。随着对永磁齿轮研究的深入,将会有更多的新型永磁齿轮结构出现。

1.4.2 永磁联轴器的国内外研究现状

永磁联轴器目前被广泛用于食品行业和化工行业,将原来的动密封转变为静密封,可靠地解决了密封问题,提高了食品工业的生产标准和质量,使得化工设备的使用寿命显著延长,减少泄漏带来的环境污染。

永磁联轴器的设计很灵活,国外有一些新方案的报道。例如,韩国忠南大学的 Kang Han-Bit 等进行的研究[42];Johnson M 等也进行了类似的轴向和径向齿轮研究[43-44]。

国内有一些专家注重对永磁联轴器方案性能的分析研究。东华大学的孟婷等测试了两种实际应用的磁耦合器[45]。西华大学的高振军等优化了组合推挽式磁驱动联轴器的磁性能影响因素,得到了磁传动联轴器的最佳几何参数方案[46]。

利用永磁联轴器可以将传动轴的动密封转换为静密封,显著提高传动效率和可靠性,可以有效地解决深海密封问题。西北工业大学的李玉凯等设计了一种新型的圆锥形永磁联轴器[47]。西北工业大学的程波等提出了适用于深海机器人的径向 Halbach 永磁联轴器传动机构,给出了独特的 Halbach 永磁联轴器的一般解析解,应用遗传算法解决了优化问题。海尔贝克阵列(Halbach array)是一种磁体结构,是工程上的近似理想结构,目标是用最少量的磁体产生最强的磁场[48]。1979 年,美国学者 Klaus Halbach 在做电子加速试验时,发现了这种特殊的永磁铁结构,并逐步完善这种结构,最终形成了所谓的"Halbach"磁铁。也有一些更有意思的永磁传动结构的研究,可以提高扭矩密度、快速便捷测试磁扭矩和适用于海洋环境,能更有效地推广永磁传动机构的应用领域。

在高速磁力泵的输出端使用永磁联轴器,将动密封变为静密封,实现了零泄漏。江苏大学的董亮等对 400 Hz 永磁联轴器进行了二维有限元瞬态计算,获得了转矩和涡流损耗随转速、磁转角变化的关系[49]。在转速提高时由于隔离套的存在,使得涡流损耗大幅上升,可以考虑用非导体材料进行替代。郑州大学的张建立等使用 Maxwell 软件对盘式永磁联轴器的工作过程进行仿真,讨论了永磁盘不同直径和永磁体极数对传递最大转矩的影响,得出极数在 10～16 之间能获得较大的扭矩[50]。合肥工业大学的田杰等提出了混合式永磁联轴器,该联轴器兼有轴向、径向力处于相对平衡的优势,解决了鼠笼式磁力联轴器的径向不稳定和盘式磁力联轴器的轴向不稳定的问题[51]。南京理工大学的牟红刚等仿真计算了一种新型永磁安全联轴器的磁路,结果表明该安全联轴器设定的过载力矩恒定,可手动恢复自动脱开磁耦合传动的安全装置[52]。上述研究均为对永磁联轴器的改进设计研究,满足了一些特殊应用场合要求。但永磁联轴器只能做较小相对转角的转动,无法做连续多圈的滑差传动,对于不中断动力换挡场合,主动部件和从动部件之间有较大的转角,则难以满足要求。

1.5　本书的研究目标

在深入分析已有提升换挡品质理论和措施的基础上,详细比较永磁联轴器传动、永磁齿轮传动和永磁涡流传动的特点,依据永磁磁场力的特点,提出永磁滑差传动机构的若干种方案,对比研究后确定一种方案进行详细研究,最终获得在固定挡位传动时具有较高的传动效率,在换挡过渡传动阶段能实现平稳不中断动力换挡。

围绕不中断动力换挡时需要平稳的磁扭矩-相对转角特性,因此研究永磁体的排列方式、永磁体的形状和磁路变化规律的特点,以及在驱动磁盘相对输出磁盘连续转动时,磁扭矩值波动较小,主要研究内容如下:

(1) 研究驱动磁盘和输出磁盘中永磁体的数量和排列方式,欲使相对转角在 $0°\sim90°$ 范围磁扭矩波动小、方向不变,能在滑差传动工况下连续输出平稳磁扭矩,并确定一种控制传动机构方案;

(2) 利用场论和静磁场理论,研究永磁体不同形状、尺寸、叠加方式,选择对应的硅钢片形状和尺寸,期望获得平稳的磁扭矩-相对转角特性;

(3) 研究并设计合理的磁路,主要使用 MagNet 软件和 MATLAB 软件对磁场力进行仿真计算,要求在相对转角改变时漏磁少,以提高永磁体的利用率,且获得平稳扭矩特性时系统的结构紧凑,并进行实物实验和测试结果分析;

(4) 研究永磁体尺寸参数对磁扭矩特性的影响,优化参数以获得更好的滑差传动性能,并根据研究进展情况进一步进行参数优化。

1.6　拟解决的关键问题、研究方法及技术路线

本书技术路线如图 1-9 所示。其中提取特征参数非常关键,整个项目能否实现主要体现在这一步。首先需要了解和掌握静磁场理论和场论的相关知识,提出永磁传动机构的结构方案和计算方法,对获得的结果进行分析和研究,以获取结构特征与磁扭矩-相对转角特性之间的对应关系,分析内在联系因素,改进后获得需要重点研究的结构模型。通过仿真计算结果和试验结果对比,确定结果与设计目标是否相符合。进一步分析传动机构的结构特性与结构参数之间的内在联系,预估结构参数和磁扭矩-相对转角特性之间没有明确的解析计算公式,为获得快速计算模型,拟选择神经网络方法,建立结构参数与磁扭矩-相对转角特性之间的联系,仿真计算获得符合预期的神经网络模型,从而根据设计任务能快速确定结构参数,并通过计算模型能对传动符合预期机构进行优化,达到快速获得传动机构参数的目标。

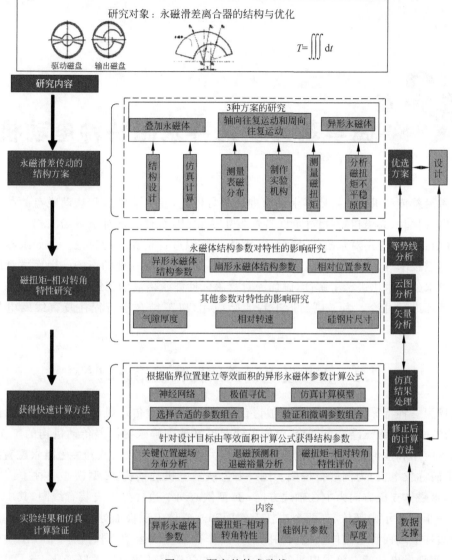

图 1-9 研究的技术路线

第2章
磁学基础及几种永磁特种电动机

　　永磁滑差传动机构主要依靠永磁力进行动力传递,在主动磁盘和从动磁盘的相对转动角度发生变化时,其磁扭矩-相对角度特性发生变化,因而有必要对永磁场的相关术语进行了解,并结合工程应用对永磁体及磁学基础相关知识进行稍深入的讨论。例如永磁磁路的特性和充磁技术等,它们均对新型磁传动机构的设计有不同程度的影响。因而本章结合工程应用对永磁场术语进行了解读,以加深对永磁体性能永磁场的了解。在此基础上,对永磁场力的计算进行讨论。为了更贴近工程实际应用,以下结合小行程往复直线发电机进行讨论。

2.1　直线发电机的结构和工作原理[53]

　　磁场为一种特殊的物质,电磁场被讨论很多,永磁滑差传动机构完全由永磁体提供磁场,因而本书对永磁磁路重点讨论,以便于读者更好地理解永磁滑差传动机构的工作原理。通过工程应用和理论结合的方法解释永磁场相关概念。下面以一款开关磁阻永磁直线发电机(以下简称发电机)为例进行说明。图 2-1 为该发电机的结构,E 型铁心中柱上固定安装永磁体,永磁体充磁方向为中柱轴线方向;E 型铁心两个边柱外围安装有线圈,其中一个线圈保留一半以显示内部铁心,两个边柱上端面和永磁体上磁极面处于一个平面;Ⅰ型铁心沿两个边柱上端面和永磁体上端面如图示方向作往复直线运动,同时在两个线圈中感应出电动势,实现发电功能。该发电机的特点是两个并联磁路的磁阻能关联变化,当Ⅰ型铁心接受外部低速往复直线运动输入时,在 E 型铁心两个边柱中的磁通量能高速关联变化,两个线圈能同步感应出电动势。由法拉第电磁感应定律可知,边柱铁心中变化的磁通量能在线圈中感应出电动势,其磁通量由永磁体提供,而磁通量的变化由铁心的往复直线运动激发。磁通量 Φ 是表示磁场分布情况的物理量,单位为韦伯(Wb),在匀强磁场中:

$$\Phi = BS \tag{2-1}$$

式中,B 为磁通量密度,表示磁感应强度的大小,如果不是匀强磁场,取 B 的平均值,Wb/m^2;S 为磁通道面积,m^2。

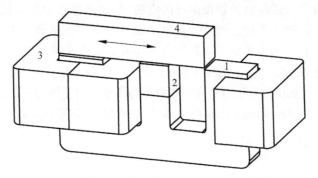

1—E 型铁心；2—永磁体；3—线圈；4—Ⅰ型铁心

图 2-1　开关磁阻永磁直线发电机

一般永磁直线发电机和本永磁直线发电机的差异如下：

（1）一般永磁直线发电机的永磁体和线圈分属定子或转子，本发电机的永磁体和线圈均安装于 E 型铁心上，在稍大行程的发电机中，Ⅰ型铁心作为定子则成本低，E 型铁心中的永磁体和线圈能被高效利用。

（2）一般永磁直线发电机中永磁体极性交错排列，在一个线圈铁心中产生的磁通量方向交替变化，引起的磁通量变化大，而本发电机线圈铁心中的磁通量方向不变，在其他因素相同的前提下，其磁通量变化速度只有一般永磁直线发电机铁心中的磁通量变化速度的一半，但在两个边柱均有线圈，这种结构的效果和目前一般永磁直线发电机的磁通量变化速度基本相同。

（3）一般永磁直线发电机中磁场方向变化较大，一般使用无取向硅钢片，本发电机磁路中磁通量方向基本不变，因而可以采用取向硅钢片，在磁场方向上饱和磁导率高，最大磁通量相应被提高，则对应能提高磁通量变化速度。

（4）还有一项必须要比较的是永磁体的厚度，一般永磁直线发电机的永磁体厚度较小，本发电机则可以采用稍厚的永磁体，或者采用磁极面积更大的永磁体，在条件变化不大的情况下能获得更大的磁通量极值。

（5）一般永磁直线发电机的磁路截面变化较大，而本发电机的磁路截面基本不变，因而能设计更大磁通量极值的磁路。

（6）本发电机两个线圈采用类似变压器中紧密绕制的紧凑线圈，用铜量少。

综上所述，本发电机能在同样小行程往复运动输入时输出更高的电压，涉及的知识点细节，后面章节中再详细讨论。

2.2　磁学相关知识

永磁滑差传动机构采用的硅钢和稀土永磁体均为磁性材料。对于闭路永磁体，磁场能以磁能积（BH）的形式储存于永磁材料内部，对于开路永磁体，磁场能一部分储存于永磁材料内部,一部分储存于永磁材料两磁极附近的空间,显然永磁滑差传动机构属于开路磁路。气隙中没有磁力存在,磁力作用于两个磁盘中的磁性材料。永磁滑差传动机构利用永磁体磁极的相互作用,实现了动力传动。钕铁硼永磁体的能量密度很高,在其周围产生一定磁场需要的体积是马氏体磁钢的1/60,铝镍钴永磁体的1/5,钐钴永磁体的1/2~2/3。我国具有稀土资源储量优势,为了获得较大扭矩密度和性价比高的永磁滑差传动机构,需要选择永磁体和硅钢片类型,因而需要对涉及的磁学知识、永磁体、软磁材料、磁路和充磁技术进行讨论[54-55]。

2.2.1 磁学术语[56-57]

1. 磁化强度和磁感应强度

细条形永磁体两个磁极为等值异号的点磁荷 m,永磁体两磁极间距离为 l,两个点磁荷构成的系统定义为磁偶极子,用 $j_m = ml$ 来表示它所具有的磁偶极矩,方向由负磁荷指向正磁荷,单位为 Wb·m,但由于难以精确确定磁极位置使得磁偶极矩的大小难以确定。电子的运动可等效为闭合电流回路,可视为磁偶极子,因此将无限小电流回路所表示的小磁体定义为磁偶极子。磁偶极子磁性的大小和方向可以用磁矩(μ_m)来表示,定义为磁偶极子等效的平面回路的电流 i 和回路面积 s 的乘积,方向由右手螺旋定则确定,单位为 A·m²。j_m 和 μ_m 之间的关系为

$$j_m = \mu_0 \mu_m \tag{2-2}$$

式中,μ_0 为真空磁导率,$\mu_0 = 4\pi \times 10^{-7}$,单位为 N/A²、Wb/(A·m)和 H/m 三者之一。

单位体积内磁偶极矩 j_m 的矢量和为磁极化强度 J,单位为 Wb/m²,单位体积内磁矩 μ_m 的矢量和为磁化强度 M,单位为 A/m,可见 J 为 M 和 μ_0 的乘积。磁场强度为单位强度的磁场对应于 1Wb 强度的磁极受到 1N 的力,单位为 A/m。

任何物质在外磁场作用下,除了外磁场 H 外,还要产生一个附加的磁场。物质内部的外磁场和附加磁场的总和称之为磁感应强度 B。真空中的磁感应强度与外磁场成正比。

$$B = \mu_0 H \tag{2-3}$$

在物质内部的磁感应强度为

$$B = \mu_0 (H + M)$$
$$B = \mu_0 M + \mu_0 H \tag{2-4}$$
$$J = \mu_0 M$$

式中,B 的单位为 Wb/m²,1Wb/m² = 1T;J 为磁极化强度,有时也称为内禀磁感应强度。真空中由于 $M = 0$ 则 $B = \mu_0 H$,B 和 H 始终是平行的,数值上也成比例。在磁体内部,两者的关系较复杂,在外磁场 H 作用下,磁体具有一定的磁化强度 M,且 M 和 H 方向不一定相同,须由式(2-4)表示。

2. 磁化曲线

磁体处于外磁场时会发生磁化,其磁化强度 M 和外磁场强度 H 存在以下关系:

$$M = \chi H \quad \text{或} \quad \chi = M/H \tag{2-5}$$

式中，χ 为磁体的磁化率，它表征磁体对外磁场响应的难易程度。M 与 H 的单位为 A/m，所以 χ 是一个无量纲的量。退磁状态的铁磁性物质的 M、J 和 B 随磁场强度 H 的增加而增加的关系曲线称为起始磁化曲线（如图 2-2 所示），也称为磁化曲线，不同物质的磁化曲线是不同的。M_s、J_s、B_s 分别为饱和磁化强度、饱和磁极化强度以及饱和磁感应强度。M_s 是永磁材料重要的磁参量，一般均要求 M_s 越高越好，它取决于组成材料的磁性原子数、原子磁矩和温度。图 2-2 分为 5 个阶段，阶段 1 为弱磁场下的可逆磁化阶段，在该阶段，M/B 与外磁场 H 保持线性关系。阶段 2 处 M/B 与外磁场 H 不再保持线性关系，开始出现不可逆磁化。阶段 3 出现不可逆磁畴壁位移过程，出现最大磁导率。阶段 4 趋于饱和，磁导率下降。阶段 5 为顺磁区域，一般技术磁化不讨论这个过程。

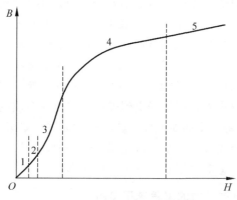

图 2-2　永磁体的起始磁化曲线

将式(2-5)代入式(2-4)中的第一式，可得

$$\mu = 1 + \chi \tag{2-6}$$

μ 为相对磁导率，即

$$\mu = \frac{B}{\mu_0 H} \tag{2-7}$$

材料磁化到饱和以后，逐渐减小外磁场 H，材料中对应的 M 或 B 也随之减小，但是由于材料内部存在各种阻碍 M 转向的机制，M 并不沿着初始磁化曲线返回。并且当外磁场 H 减小到零时，材料仍保留一定大小的磁化强度或磁感应强度，称为剩余磁化强度或剩余磁感应强度，用 M_r 或 B_r 表示，简称剩磁。在反方向增加外磁场 H，M 或 B 继续减小。当反方向磁场 H 达到一定数值时，满足 $M=0$ 或 $B=0$，那么该磁场强度就称为矫顽力，分别记作 $_MH_c$ 或 H_c。它们具有不同的物理意义，$_MH_c$ 表示 $M=0$ 时的矫顽力，又称为内禀矫顽力；H_c 表示 $B=0$ 时的矫顽力，又称为磁感矫顽力。这两种矫顽力大小不等，一般有 $|_MH_c| > |H_c|$。铁磁体处于剩磁状态时，外磁场 $H=0$，但是 $M\neq 0$，因为在从饱和磁化到 $H=0$ 的反磁化过程中，由可逆磁畴壁位移和可逆磁畴转动实现的磁化强度会回归到起始

状态,而由不可逆磁畴壁位移和不可逆磁畴转动实现的磁化强度则无法回到初始状态。对于 $_MH_c$ 远大于 H_c 的磁体,当反向磁场 H 大于 H_c 但小于 $_MH_c$ 时,虽然此时磁体已被退磁到磁感应强度 B 反向的程度,但在反向磁场 H 撤消后,磁体的磁感应强度 B 仍能因内部的微观磁偶极矩的矢量和处在原来方向而回到原来的方向,永磁材料尚未被完全退磁。因此,内禀矫顽力 $_MH_c$ 是表征永磁材料抵抗外部反向磁场或其他退磁效应,以保持其原始磁化状态能力的一个主要指标。同时也是表征磁性材料在磁化以后保持磁化状态的能力,它是磁性材料的一个重要参数。矫顽力不仅是考察永磁材料的重要标准之一,也是划分软磁材料、永磁材料的重要依据。

磁场强度应该与磁感应强度对比认识。磁场强度和磁感应强度均为表征磁场强弱和方向的两个物理量。由于磁场是电流(或者说运动电荷)引起的,而磁介质在磁场中发生的磁化对源磁场也有影响(场的迭加原理)。因此,磁场的强弱有两种表示方法:在充满均匀磁介质的情况下,若包括介质因磁化而产生的磁场在内时,用磁感应强度 B 表示,其单位为T,是一个基本物理量;单独由电流或者运动电荷所引起的磁场(不包括介质磁化而产生的磁场时)则用磁场强度 H 表示,其单位为 A/m,是一个辅助物理量。在各向同性的磁介质中,B 与 H 的比值即介质的绝对磁导率 μ。从定义来看,磁感应强度是完全只考虑磁场对于电流元的作用,而不考虑这种作用是否受到磁场空间所在介质的影响,这样磁感应强度就是同时由磁场的产生源与磁场空间所充满的介质来决定的。相反,磁场强度则完全只是反映磁场来源的属性,与磁介质没有关系。就是说,磁场强度是表征一个单独磁场的性质的,与它所在的介质无关,而磁感应强度则考虑了介质的影响,是一个合成量。

3. 一个磁力线之间为排斥力的工程应用实例

磁力线是封闭的,且磁力线不交叉,同向磁力线之间是排斥力。下面的工程实例即为上述原理的一个小应用。如图 2-3 所示,铁质冲材被叠放在一起,自动生产线在抓取冲材时需

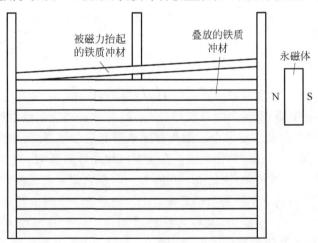

图 2-3　永磁体用于自动冲压生产线分离铁质冲材

要防止同时抓取 2 片,这时在堆叠冲材侧面安装一块强磁铁,铁质冲材被磁化后,最上面一块铁质冲材被抬升,在吸盘抓取时仅最上面一块铁质冲材被抓取,其原因就是铁质冲材内的磁力线相互不交叉且具有排斥力。磁体大小与冲材的材质和重量有关,且磁体和冲材之间的距离可以调整,以达到最上面一块铁质冲材获得合适的抬升距离。

2.2.2　永磁体的相关知识

永磁体主要技术指标是剩磁 B_r、矫顽力 H_c(内禀矫顽力 H_{ci} 和磁感矫顽力 H_{cb})、磁能积 $(BH)_m$ 和居里温度 T_c。B_r 的极限值是磁极化强度 J_s,$(BH)_m$ 的极限值是 $J_s^2/4$,取决于组成该材料的磁性原子数和原子磁矩的大小。强磁的内禀矫顽力和磁感矫顽力分别用 H_{ci} 和 H_{cb} 表示,当 $H_{ci} > B_r$ 时,$H_{cb} = B_r$,$(BH)_m = B_r^2/4$,而 B_r、H_{cb} 和 $(BH)_m$ 均取决于材料的反磁化过程。由于采用的是钕铁硼永磁材料,因而重点讨论该稀土永磁材料的性能。磁体磁化到饱和并去掉外磁场后,在磁化方向保留的 M_r 或 B_r 简称剩磁,与 2.2.1 节讨论的剩磁不同的是,永磁体的剩磁特指较大值的剩磁。M_r 称为剩余磁化强度,B_r 称为剩余磁感应强度,其表磁可以用特斯拉计或高斯计测得。

1. 永磁体的退磁场

环状磁体具有闭合磁路时不存在磁极,因而不产生退磁场,但开路磁体的两端具有磁极,当一定形状的磁性材料被外磁场磁化时,其两端出现的磁极将产生一个与磁化强度方向相反的磁场,该磁场被称为退磁场。磁极产生的退磁场的方向总是与其磁化强度方向相反,具有退磁作用,用 H_d 表示,退磁场与磁化强度的大小成正比,比例系数为退磁因子 N_1,N_1 与磁体形状有关。表 2-1 给出了退磁因子的一些数值,可以看出磁性材料在生产制作时,如果较薄则无法充磁,即其剩余磁场强度较小,原因是 N_1 大。为进一步说明永磁体自身产生的退磁场,以一块长方体磁体为例,可以看成沿磁极方向并在一起的两块磁体,一块磁体处于另一块磁体的磁场中,其磁极方向和另一块磁体的磁场方向相反,因而互相提供了退磁场,因而永磁体具有磁性的同时也产生了退磁场。例如沿轴线充磁的圆柱体在叠加到一定长度后,继续叠加则两极的表磁升高非常缓慢,这是自身存在退磁场的一个证明。对于钕铁硼永磁体,一般退磁场没有达到矫顽力的强度,所以钕铁硼永磁体存放较长时间其剩磁基本不变。对于电动机或发电机,线圈流过电流时产生电磁场,有部分时间电磁场方向与永磁体磁化方向相反,因而电磁场也为永磁体的退磁场之一。

表 2-1　圆柱状永磁体沿长度方向的退磁因子 N_1

$k = l/d$	0	1	2	5	10	20
N_1	1.0	0.27	0.14	0.040	0.0172	0.00617

2. 永磁体的磁能积

永磁材料作为磁场源或磁力源(动作源),主要是利用它在气隙中产生的磁场,这是因为

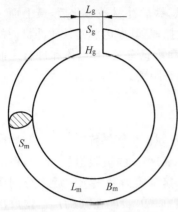

图 2-4　带气隙的环形磁铁

一般气隙两端属于不同的两个零件,利用两个零件间的相互作用,完成功能转化。图 2-4 展示了一个带气隙的环形磁铁,设 S_m、L_m、B_m、H_m 和 S_g、L_g、B_g、H_g 分别代表磁铁和气隙的截面积、长度、磁感应强度和磁场强度。根据安培环路定律推导可知:磁体在气隙中产生的磁场强度 H_g 与磁铁内部的 H_m 和 B_m 的乘积有关。$B_m H_m$ 代表永磁体的能量,称为磁能积。一般选择永磁体时需要退磁曲线,有时还需要磁能积曲线。但在实际的设计应用中,为迅速判定各点的磁能积,方便而快速地判别磁体工作点是否合理和经济,正确选择工作点,可以画出等磁能积曲线图。

3. 我国钕铁硼永磁体的牌号及性能

表 2-2 为部分牌号的钕铁硼永磁体的性能参数,烧结钕铁硼永磁体等级牌号都以字母"N"开头,代表钕,后两位数字表示最大磁能积,单位以 MGOe 表示,代表磁铁退磁曲线或 BH 曲线上的最大值,数值越大则 B_r 越大,末尾字母表示耐高温等级。

表 2-2　烧结钕铁硼磁性能参数

牌号	剩磁 B_r		矫顽力 H_{cb}		内禀矫顽力 H_c		最大磁能积 $(BH)_{max}$		工作温度 T_w
	mT	kGs	kA/m	(kOe)	kA/m	(kOe)	kJ/m³	(MGOe)	℃
N35H	1170～1220	(11.7～12.2)	≥868	(≥10.9)	≥1353	(≥17)	263～287	(33～36)	120
N38H	1220～1250	(12.2～12.5)	≥899	(≥11.3)	≥1353	(≥17)	287～310	(36～39)	120
N40H	1250～1280	(12.5～12.8)	≥923	(≥11.6)	≥1353	(≥17)	302～326	(38～41)	120
N42H	1280～1320	(12.8～13.2)	≥955	(≥12.0)	≥1353	(≥17)	318～342	(40～43)	120
N45H	1320～1360	(13.2～13.6)	≥963	(≥12.1)	≥1353	(≥17)	326～358	(43～46)	120
N48H	1370～1430	(13.7～14.3)	≥995	(≥12.5)	≥1353	(≥17)	366～390	(46～49)	120

2.2.3　软磁材料的相关术语

软磁材料在低强度磁场中可以被磁化,去除外加磁场则易恢复到低剩磁状态,具有高初始磁导率 μ_i、高最大磁导率 μ_{max}、高饱和磁感应强度 B_s 和低功耗的特点。

1. 软磁材料的磁导率 μ

磁导率的测量:将某种铁磁物质做成环形样品,再绕上匝数一定的线圈,在该线圈中通以电流 I,根据电流值可以计算出铁磁物质内部的磁场强度 H,同时用仪器测量穿过环形样品横截面的磁通量 Φ 并计算出 B 值,从而得出对应的 H 与 B 值。由此得到材料的 B-H 曲线,也叫铁磁材料的磁化曲线,如图 2-5 所示。从图 2-5 可以看出,铁磁材料的磁化曲线是非线性的。开始时,外磁场 $H=0$,铁磁材料未被磁化,因此 $B=0$。当电流增加时,H 也增加,初始阶段(oa 段),B 增加较慢;第二阶段(ab 段),B 增加很快;第三阶段(bm 段),B 的增加又缓慢下来;过了 m 点,当外磁场 H 再增加时,B 增大速度很小,这时材料磁化已经达到饱和状态,相应的磁感应强度为该材料的饱和磁感应强度或饱和磁密,记为 B_s。该曲线在各点的斜率即为该材料在各点的磁导率 μ,可见 μ 是随外磁场 H 的变化而变化。磁导率是表征磁体的磁性、导磁性及磁化难易程度的一个磁学量。在 SI 单位制中,将 B 与 H 的比值定义为绝对磁导率:$\mu=B/H$。材料科学中一般不用绝对磁导率,而采用相对磁导率,即 $\mu_r=\mu/\mu_0$,一般所说的磁导率均指相对磁导率 μ_r。

在 B-H 曲线上,每一点的 B 与 H 之比就是该材料在对应 H 下的磁导率,铁磁材料的 μ_r-H 曲线如图 2-6 所示。可以看出,随着外磁场的增加,μ_r 增加,当 μ_r 达到最大值后,开始下降,这时铁磁物质的磁化开始进入饱和状态。可见最大磁导率和饱和磁感应强度是两个不同的指标。

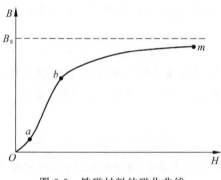

图 2-5　铁磁材料的磁化曲线

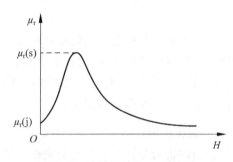

图 2-6　铁磁材料的 μ_r-H 曲线

常见材料的磁导率为:空气为 1.00000004,Q235 钢为 200～400,10 钢为 7000～10000,纯铁为 7000～10000,镍铁合金为 2000,坡莫合金为 20000～200000。

2. 磁导率的不同表达形式

在不同的磁化条件下,磁导率有不同的表达形式:

1)起始磁导率 μ_i

$$\mu_i = \frac{1}{\mu_0} \lim_{H \to 0} \frac{B}{H} \tag{2-8}$$

式中,μ_i 是指未被磁化的磁体被置于一个无限小外磁场中时的磁响应程度,可以用来衡量磁体对微弱外磁场的响应程度。用于音频的软磁铁,其起始磁导率 μ_i 是一个重要参数。

2)最大磁导率 μ_{max}

$$\mu_{max} = \frac{1}{\mu_0} \left(\frac{B}{H} \right)_{max} \tag{2-9}$$

由磁化曲线可知磁导率随磁场强度的不同而不同,其最大值称为最大磁导率 μ_{max}。例如 2.1 节介绍的发电机，由于工作速度和频率均较低，为获得较大输出电压，则要求在一个周期中磁通量的最大值更高，如果设计的磁路能实现该目的，则在同样周期时能获得更大的磁通量变化率，能输出更高电压达到提升功率密度的效果。

3）复数磁导率 $\tilde{\mu}$

$$\tilde{\mu} = \mu' - i\mu'' \tag{2-10}$$

磁体在变化磁场中磁化时，其磁感应强度 B 和磁场强度 H 的方向并不是保持同步的，而是存在一定的相位差，这时，磁感应强度和磁场强度只能用复数表示。它们在复数表示法中的商也同样是一个复数，即复数磁导率 $\tilde{\mu}$。$\tilde{\mu}$ 的形式通常如式(2-10)所示，其中 μ' 和 μ'' 分别是复数形式的实部和虚部。

至于增量磁导率 μ_Δ、可逆磁导率 μ_{rev}、微分磁导率 μ_{diff} 和不可逆磁导率 μ_{irr}，由于不涉及而不详细介绍。这里需要解释一下，高磁导率和饱和磁通量密度并不是正向关联的，例如一般电工软铁的最大磁导率约为 8000，硅钢的为 30000，而电工软铁的饱和磁通量密度能达到 2.15T，硅钢的却为 2.0T，坡莫合金的最大磁导率很高，但饱和磁通量密度并没有比电工纯铁大很多。

有效磁导率是指在一定频率和电信号下测得的磁导率，常用符号 μ_{eff} 来表示。在金属软磁材料和软磁铁氧体中，起始磁导率和最大磁导率是常用的性能参数，而在软磁复合材料（也称磁粉芯）中，则一般用有效磁导率来表征它对外界信号的灵敏性，用磁导率随频率的衰减幅度来表征其性能的稳定性。

3. 磁化的时间效应

前面讨论的是样品从一个稳定磁化状态转变到新的平衡状态的磁化过程，没有考虑两个平衡之间的时间问题，是静态磁化过程。无论是 2.1 节提出的发电机还是后续研究的永磁滑差传动机构，都是在变化的磁场或交变磁场中使用，磁化的时间问题无法避免。需要考察动态磁滞回线和铁磁体的动态磁化过程。这种磁化落后磁场变化的现象称为磁化的时间效应。磁化的时间效应现象有以下几种：

（1）由于存在不可逆磁化，静态磁化中存在磁滞现象，但磁化过程不随时间变化。交变磁场中的动态磁化过程有时间效应。

（2）动态磁化使得铁磁材料内形成涡流将抵抗磁感应强度的变化，即有时间滞后效应。

（3）铁磁材料内的畴壁位移阻尼和磁畴转动阻尼，在交变磁场中导致材料的磁导率随磁场频率变化，出现频散和吸收现象。

（4）铁磁材料内的磁感应强度 B 在外加磁场 H 突变时需经过一段的时间才能稳定，该现象是由于磁化过程本身或温度变化引起材料内部磁结构或晶体结构的变化，为磁后效。

铁磁性材料外加 $H = H_1$ 的磁场，对应磁化强度为 $M = M_1$，在 $t = t_1$ 时刻磁场突变为 $H = H_2$，磁化强度也随之变为 M_2，并产生一个时变 $M_{i(t)}$，$M_{i(t)}$ 可表示为

$$M_{i(t)} = M_{i0}(1 - e^{-t/r}) \tag{2-11}$$

式中，M_{i0} 表示从 $t=0$ 到 $t \rightarrow \infty$ 的磁化强度变化；τ 为单一弛豫时间。

例如 2.1 节介绍的发电机，其两个边柱中的磁通量发生时变，则磁感应强度 B 和磁场强度 H 具有相位差。

2.2.4 磁路的相关术语[57-58]

1. 磁路与电路的异同

磁路指的是磁力线（磁通量）所经过的路径，与电流经过的路径对比，它们有许多相似之处，磁路也有欧姆定律，基尔霍夫第一、第二定律等，但磁路与电路却是不同的，最大的差别有两个：一是电路中导电材料与绝缘材料的电阻率可以相差 $10^{14} \sim 10^{16}$，最高达 10^{18} 量级，因此电流一般只沿导线运行，但磁路中一般没有"绝缘材料"，导磁材料与非导磁材料磁导率之差最多只有 6 个量级，所以磁力线除沿导磁材料"走"之外，也沿非导磁材料（如空气）"走"，因此磁路有许多路径，其中不希望的路径统称为漏磁；二是电路中的电阻是线性的，而磁路中的磁阻通常都是非线性的（磁导率随磁场改变），这是因为磁化曲线具有非线性的特征。另外磁力线是不交叉和封闭的，这也是磁路和电路的区别。

2. 磁路的分类

按不同的标准，可将磁路分成各式各样，但按激（励）磁方式，有两类磁路：一类为永磁磁路，即只用永磁材料作为磁场来源的磁路；另一类为电磁磁路，即用电流产生的磁场作为磁场来源的磁路。永磁磁路又分静态和动态，永磁动态磁路的一些特性会发生改变，例如硅钢片的磁化状态和磁路的回复线等。

磁通：穿过某一面积 S 的磁感应强度通量称为磁通。磁通的连续性。沿一个封闭曲面的磁感应强度 B 的面积分必为零，称为磁通的连续性原理，是麦克斯韦方程式之一。

$$\Phi = \int_S B \cos \beta ds = \int_S \boldsymbol{B} \cdot d\boldsymbol{S} \tag{2-12}$$

安培环路定律：沿着任何一条闭合回线 L，磁场强度 H 的线积分 $\oint_L H \cdot dl$ 就等于该闭合回线所包围的总电流值 $\sum i$（数和），这就是安培环路定律。

磁路的欧姆定律：作用在磁路上的磁动势 F 等于磁路内的磁通量 Φ 乘以磁阻 R_m。

基尔霍夫第一定律：铁心磁路中令穿出闭合面 A 的磁通为正，进入闭合面的磁通为负，根据磁通连续性定律有 $\sum \Phi = 0$。

基尔霍夫第二定律：作用在任何闭合磁路上的总磁动势，恒等于各段磁路中磁位降的代数和。

磁路中铁心处和气隙处的磁通量密度数值和磁通量数值与磁路参数有紧密关系，所以同样一块永磁体，在不同磁路中能达到的最大磁通量 Φ_{max} 是不一样的。显然铁心磁路中某一截面不同位置的磁通量密度不同，而考虑 2.1 节 E 型铁心边柱中的磁通量变化，只需要考虑线圈内部总磁通量 Φ，在永磁体尺寸和铁心磁路尺寸确定后，如果 Φ_{max} 越大，则线圈输出电压越高。

在汽车悬架馈能时，馈能发电机和蓄电池并联工作，馈能发电机输出电压高于蓄电池 12V 电压才为有效电压，为获得较高的输出电压，可通过两个手段来达到目的：提高磁通变化率和增加线圈匝数。笔者购买了永磁发电机，拆开后发现，通过齿轮变速机构提供发电机输入转速 10 倍以上时，手动转动发电机输出轴约 80r/min，其输出电压只有 2V。对于汽车悬架，运动速度一般为 0.3m/s，通过机械变速机构使输出电压达到 12V 也较困难。因而在低速运动输入时，发电机高效输出较高电压是非常重要的指标。本发电机铁心中的磁通量由永磁体提供，那磁通量的大小受哪些因素影响呢？需要说明的是，铁心中磁通量的最大值对直线发电机的性能影响非常大，在同样幅值和频率的往复运动输入时，一个线圈中磁通量从最大磁通量降低到最小磁通量的速度越快，匝数线圈相同时感应出的电动势越高。而采用同样的永磁体，其磁路结构不一样，能获得的最大磁通量不一样，下面通过磁路的欧姆定律来考量磁路的特性。

3. 一个简单磁路

图 2-7 为一个简单的磁路，磁路中的磁动势由永磁体提供，磁极面积和铁心截面积为 S，磁路的平均长度为 l，铁心的磁导率为 μ。若不计漏磁通，即认为所有磁通都被约束在铁心之内，并认为各截面内的磁场都是均匀分布，磁感应强度 B 的方向总是沿着回线 l 的切线方向且大小处处相等，则有

$$F = \Phi R_m \tag{2-13}$$

式中，$F = Ni$ 为作用在铁心磁路上的安匝数，称为磁路的磁动势，单位为 A，工程中常用安培匝数（简称安匝），符号为 AT(ampere-turn)，本磁路由永磁体提供磁动势，其大小和永磁体剩余磁感应强度、磁极面积和厚度等有关；磁通量 Φ 的单位为 Wb；R_m 称为磁阻，单位为 A/Wb，其大小如式(2-14)所示。磁阻的倒数为磁导，用 Λ_m 表示，$\Lambda_m = 1/R_m$，单位为 Wb/A 或 H(亨)。

$$R_m = \frac{1}{\mu A} \tag{2-14}$$

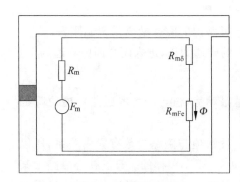

图 2-7   简单磁路图

可见图 2-7 磁路中磁通量 Φ 的大小和永磁体剩余磁感应强度、磁路磁阻及磁路截面尺寸有关。永磁体本身磁导率较低，相对磁导率为 $1.02 \sim 1.05$，和空气磁导率接近。如果将永磁体本身磁阻类比电源的内阻，其本身磁阻较大，所以图 2-7 用 F_m 和 R_m 表示永磁体磁动势和永磁体磁阻。

磁路设计和计算的任务主要有以下三方面：

(1) 给定工作气隙的体积 V 及要求的磁场，设计磁路结构(型式、尺寸)及计算选定的永磁材料(或

电磁线圈)。

(2) 给定磁性材料及磁路结构,计算磁体尺寸、工作气隙磁场(或磁力)。

(3) 已知磁路结构及气隙磁场,选择永磁材料及计算永磁材料尺寸。

同时需要的约束有:①最大限度地利用材料的性能,因为永磁体的价格较高;②小型化、轻量化;③永磁的性能与磁路结构的最佳匹配,选择最恰当的永磁体牌号。

4. 磁通的折射定律

磁通从一种媒质进入另一种媒质时,如果两种媒质的磁导率不同,磁感应强度会和声波、光波一样,发生折射现象,磁感应强度会改变方向,这称为磁通的折射,如图 2-8 所示。取小面积单元 S

$$B_{h1}S = B_{h2}S \tag{2-15}$$

$$B_1\cos\alpha_1 = B_2\cos\alpha_2 \tag{2-16}$$

界面没有电流流过,切线分量 $H_{e1} = H_{e2}$,及 $H_{e1}\sin\alpha_1 = H_{e2}\sin\alpha_2$,相除得

$$\frac{\tan\alpha_1}{\tan\alpha_2} = \frac{B_1}{B_2} = \frac{\mu_1}{\mu_2} \tag{2-17}$$

当磁通由铁磁物质进入非铁磁物质时,$\mu_1 \gg \mu_2$,$\alpha_2 = 0$,即在分界面附近的非铁磁物质中,磁感应强度实质上与分界面垂直。

磁路中的磁通量 Φ 不是随着磁动势 F 的增大而成正比增大,或者说 Φ 与 F 之间不是线性关系,这种情况称为磁路是非线性的。

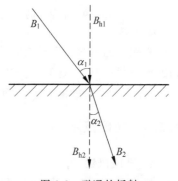

图 2-8　磁通的折射

5. 工作点与负载线

永磁磁路一般由三段构成,第一段为永磁体 M,其作用是代替普通磁路中的载流线圈,作为磁动势源;第二段为高导磁的铁心;第三段为工作气隙。永磁体的特点有:剩余磁通量密度 B_r 较大、矫顽力 H_c 很大和磁导率 μ_M 较低。由于在开路状态下工作,该工作状态下的磁感应强度不是在闭路状态的 B_r 点上,而是在比 B_r 低的退磁曲线上的某一点(特别强调是处于静态磁路中)。可见工作点 D 与退磁曲线的形状和工作状态的永磁体的退磁场大小有关(如图 2-9 所示)。退磁场由永磁体自身磁极引起的,有线圈产生的电磁场引起的,所以工作点是变化的,2.1 节介绍的发电机,两个支路的气隙变化和线圈电流也引起工作点的变化,这些因素均归结为退磁因子 N。可以推导 F 的负载线公式:

$$B_D = \mu_0 H_D \left(1 - \frac{1}{N}\right) \tag{2-18}$$

6. 动态磁路的回复线

对于永磁动态磁路,工作点 D 的位置是变化的,此时有一个附加的周期性负磁场 H_a

作用(如图 2-10 所示),工作点由 D 点降低到 1 点,当 H_a 再到 0 时,工作点到达 2 点。H_a 周期性变化时,永磁体的工作点在 1 点和 2 点之间变化,这个小回线的斜率就是回复磁导率 μ_{rec},$\mu_{rec} = B_a / H_a$。H_c 越大则 μ_{rec} 越小,永磁体抗外磁场干扰能力就越强,在 B_r 和 H_c 相同情况下,μ_{rec} 越小,$(BH)_m$ 就越高。

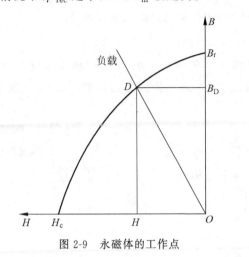

图 2-9   永磁体的工作点

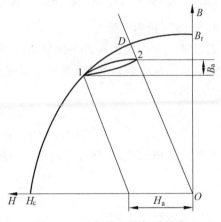

图 2-10   回复线和回复磁导率

磁能积的理解。磁路必然有磁阻,磁感应强度和磁场强度之间的联系就是磁导率,磁阻和磁导率紧密有关,这和电路中的电源效率类似。磁感应强度大,磁阻小,退磁场强度数值小,对外输出能量的能力大。而磁感应强度小,磁阻大,退磁场强度数值大,磁能积小。

2.2.5   充磁技术

1. 充磁概述

磁场是存在于磁体、电流和运动电荷周围空间的一种特殊形态的物质,是一种矢量场。永磁材料烧结完成后并没有磁性,需要进行充磁使得永磁材料具有磁性。外磁场对永磁材料做的功,称为磁化功。对于闭路永磁体来说,磁化功以磁能积 $(BH)_m$ 的形式储存于永磁材料内部。对于开路永磁体,磁化功一部分储存于永磁材料内部,另一部分以磁场的形式储存于两磁极附近的空间。永磁体在气隙中储存的磁场能与永磁体的磁能积成正比,可见永磁体是一个储能器。从上述内容可以看出,为使永磁体具有能量,需给它施加能量,这个过程称为充磁,即让磁性物质磁化或使磁性不足的磁体增加磁性。一般是把要充磁的物体放在有直流电通过的线圈所形成的磁场里,线圈中短时间内通过大电流可产生较强的磁场。

如果线圈中没有铁心,平面形状的永磁材料充磁时需要放置于线圈内孔中部,且永磁材料平面和线圈的轴线保持垂直,充磁完成后较容易取出。如果线圈中有铁心,例如已经安装好永磁材料的电动机转子,充磁完成后则电动机转子难以取出,需用专用机构推拉取出。对于特殊的场合,充磁需要专门的充磁装置和控制方式。充磁线圈的磁场可以到 10T 以上,例如某些种子的改良试验需要如此高的磁感应强度。钕铁硼永磁体充磁时可取 B_r 的 3 倍左右,根据充磁头的方案可以调整。

2. 极短充磁时间的工程实例

工程上磁动势一般用安匝表示,例如永磁体在压制时,在模具腔中需要取向磁场,就用大线圈提供磁场,取向完成后即退磁,压制好取出的坯料没有强磁性。在永磁体制作完成后需要再充磁,给铁氧体永磁体充磁时,一般为 5000~8000 安匝;给钕铁硼永磁体充磁时,一般为 8000~30000 安匝,变化幅度较大,其原因为普通型、中温和高温钕铁硼矫顽力差别较大,尺寸差异也较大。一般充磁时间为 5ms 之内。图 2-11 为一个小尺寸永磁转子的整体磁环,磁环的外径为 20mm,一共 30 个磁极,每个磁极对应的圆心角小于 12°。由于是钕铁硼永磁体,要求充磁磁场的磁感应强度较大,而磁极尺寸很小,如何充磁是一个大问题。其中一个方案是在两个磁极之间安排一根铜线,该铜线的直径受限于磁极尺寸因而较小,需要较大磁感应强度的磁场时可以增加电流强度。但铜线通过较大电流时会被烧断,这和需要通过超大电流是一对矛盾。一个方案为通过控制通电时间来解决这个问题,由充磁机控制系统将通电时间约束在一个极短的安全范围内,铜线通过几百安培的电流,即能完成充磁。这个极短的时间应使得细漆包铜线在通过非常大的电流时,它产生的热量不足以烧毁漆包铜线表面的绝缘层。

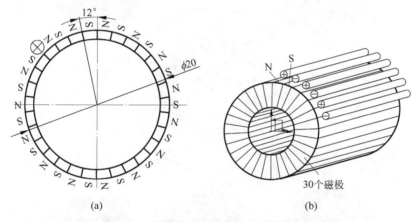

(a)　　　　　　　　　(b)

图 2-11　整体转子磁环的小尺寸磁极充磁
(a) 整体磁环的磁极分布;(b) 充磁铜线和磁环的相对位置

2.3　几种磁路有特色的装置

随着 20 世纪后半期强磁的出现,永磁体正在(或已在)部分场合替代电动机励磁电流产生磁极,其具有体积小、功率密度高和效率高等特点,但其结构受感应电动机的影响较大(如图 2-12 所示)。永磁体的磁阻较大,其磁导率接近于空气磁导率,和励磁线圈内铁心的磁阻相差非常大,因而永磁电动机和永磁发电机如果直接延用感应电动机或发电机的结构,则会带来很多问题,例如目前永磁电动机的永磁磁路磁阻大,永磁体的工作点恶化,退磁风险增大,引起工作气隙处磁通量密度降低,导致永磁电动机和发电机功率密度下降。目前将永磁体内嵌于电动机转子,就是为了降低永磁磁路的磁阻,改善永磁体的工作点。但内嵌永磁体又带来了漏磁较大的问题,虽然增加了昂贵的稀土永磁体用量,但气隙处磁通量密度的增加被漏磁削弱,限制了永磁电动机和发电机功率密度的提高幅度。现阶段的永磁电动机主要延续了感应电动机的结构,但永磁体的导磁特性和感应电动机励磁线圈包围铁心的导磁特性差别非常大,这使得永磁体磁路设计非常重要。例如嵌入 V 形永磁体的方案能使永磁电动机的气隙磁通量密度比永磁材料的剩余磁感应强度还高,由于永磁体材料本身磁阻大,一般永磁体材料沿磁极方向的厚度小,且要求永磁体本身的剩余磁感应强度高。能否在提高永磁体剩余磁感应强度较困难时,通过磁路设计获得较高的气隙磁通量密度,这也具有实际应用价值。因而在改善永磁体工作点的同时,为了进一步提高气隙处的磁通量密度,特提出几个变化了磁路的电动机、发电机方案,作为对磁路的进一步说明。

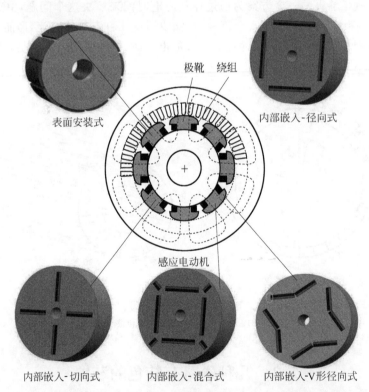

图 2-12　永磁转子的永磁体布置方式深受感应电动机结构影响的示意图

2.3.1　表贴式永磁电动机磁路的不足分析

从表 2-3 可知,诸如钕铁硼和钐钴等强磁材料的 μ_{rec} 数值为 1.05,接近于空气,如此低的磁导率在永磁电动机中将会产生什么程度的影响？下面利用 MagNet 软件进行静磁场分析，观察仅永磁体释放磁场作用时，铁心中的磁路具有何种特性。为更加清晰地说明这个问题，搭建 3 个仿真方案：

（1）设定转子中所有的永磁体共同作用，观察和分析 1 号永磁体气隙处的磁通量密度数值及其分布情况；

（2）由于永磁体的磁导率和空气接近，保留一块永磁体，其他位置永磁体全部拆除，它们原先的位置为空气，观察和分析 1 号永磁体气隙处的磁通量密度数值及其分布情况；

（3）保留一块永磁体，其他位置的永磁体全部用铁心材质替代，观察和分析 1 号永磁体气隙处的磁通量密度数值及其分布情况。

表 2-3　S-NdFeB 永磁材料与其他永磁材料性能的比较

永磁材料	磁 性 能							其他性能	
	B_r /T	H_{cb} /(kA·m^{-1})	H_{cj} /(kA·m^{-1})	$(BH)_m$ /(kJ·m^{-3})	μ_{rec}	α_{Br} /(%·℃$^{-1}$)	ρ /(g·cm^{-3})	电阻率/ (Ω·cm)	硬度 (HV)
NdFeB 46BH	1.36	1035	1114	358	1.05	-0.11	7.5	$144×10^{-8}$	600
2：17 型 Sm-Co	1.12	533	549	247	1.05	-0.03	8.4	$85×10^{-8}$	550

图 2-13 展示了现有一款永磁内转子电动机，仿真展示的截面为转子轴向的对称切面（后续分析的切面位置相同），可以看到最上面一块永磁体正对的气隙的磁通量密度约为 0.83T，认为从 N 极出来的磁力线经过气隙后再通过两块永磁体之间的铁心回到其 S 极。选择的永磁体材料为 N35，其剩余磁感应强度约为 1.2T，气隙处的磁通量密度小于该值的一个原因是磁路磁阻太大，这个大磁阻就是在转子表面的其他永磁体。

为更清晰地说明该问题，将最上面的永磁体保留，其他永磁体的材质被替换为空气，其他条件不变，仿真分析结果如图 2-14 所示。可以看到，永磁体正对位置气隙处的磁通量密度基本不变，而转子中的突起随位置远近的不同，其磁通量密度不一致。细究其原理，该永磁体发出的磁力线经过气隙后，是通过转子中的突起反穿气隙，而不是通过邻近永磁体的位置。由于转子中的突起尺寸较小，所以永磁体邻近突起部位的磁通量密度较大，已经出现红色的接近磁饱和区域。由此证明这种布置永磁体的方式和磁路结构，存在较大的磁阻。

如果将最上面的永磁体保留，其他位置的永磁体全部用铁心材质替代（如图 2-15 所示），也就是硅钢片，结果又是如何呢？这个仿真方案是为了验证最上面这块永磁体的磁路磁阻降低以后，气隙处磁通量密度的变化情况。并且观察原先其他永磁体材料变为铁心材料后，其气隙处的磁通量密度的情况。可以看出在永磁体正对位置气隙处的磁通量密度提高到 1.087T，而随与最上面永磁体的距离变大，气隙处的磁通量密度从 0.272T 变化到 0.091T。这些气隙处磁通量密度较小的原因是气隙的面积较大，分担了反穿气隙的磁通量。而转子中

图 2-13　全永磁体图的气隙和漏磁云图分布

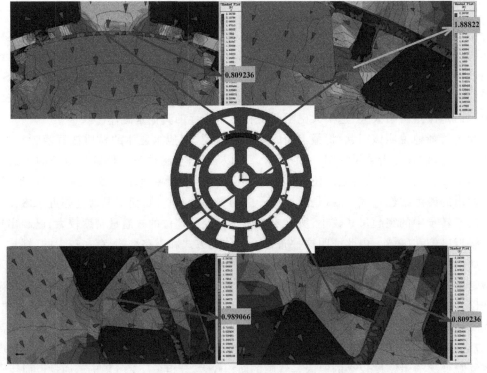

图 2-14　一块永磁体与替代空气组合的气隙和漏磁云图分布

的突起部位处的磁通量密度却较小,其原因是突起部位的气隙相较于替代铁心处的气隙较大,通过突起部位的磁通量大幅变小。

彩图 2-15

图 2-15　一块永磁体与替代铁心的气隙和漏磁云图分布

从上述分析可以看出,由于永磁体本身磁导率低,如果将永磁体表贴安装于转子,则带来永磁体工作点恶化和气隙处磁通量密度降低等问题,也是磁路区别于电路的一个方面。这也是磁力线的封闭特性的一个证明,即永磁体中某点 N 极发出的磁力线必然回到该点的S 极,且同一块永磁体发出的磁力线相互之间不交叉。可以看出磁力线在永磁体磁极面处穿越气隙,必然还要反穿气隙后连接到其另外一个磁极,由于邻近永磁体的大磁阻,使得磁路磁阻大幅增加,这恶化了永磁体的工作点,降低了气隙处的磁通量密度,提高了永磁体的退磁风险,同时降低了永磁电动机的功率密度。因而发展起来了内嵌永磁体于铁心中的方法,降低磁路磁阻,并且有些方式还提高了气隙处的磁通量密度,但这种方式的漏磁量很大,且增加了制造难度。

2.3.2　一款直线发电机的结构及原理

前面介绍了 E 型铁心和 I 型铁心组合的小行程直线发电机,可以知道这款发电机解决了两个问题,即相邻永磁体互为对方磁路中的大磁阻和漏磁问题。由于这两个问题的解决提高了磁路中最大磁通量,提高了输出电压和输出功率。但这款发电机还有一个问题,就是工作行程太小,为解决行程问题,提出了另外一款发电机,行程可以大幅扩大,且具有低成本、高效率的优势[59]。

该发电机的结构示意图如图 2-16 所示,包括动子和定子,定子为互生叶序排列的铁心,动子由 E 型铁心、发电线圈和永磁体组成。动子沿定子中间铁心的轴线方向作往复直线运动,永磁体释放出来的磁通量在两个 E 型铁心边柱之间转移,引起两个边柱中磁通量的关联变化,进而在发电线圈中感应出电压。

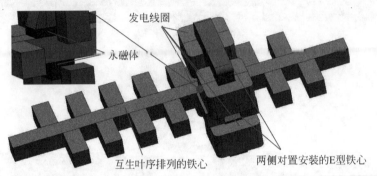

发电线圈

永磁体

互生叶序排列的铁心　　　　两侧对置安装的E型铁心

图 2-16　一种互生叶序排列铁心的直线发电机

发电机用于波浪发电时,由于波浪的频率和速度均较低,因而比一般直线发电机的输出电压低。该发电机的结构采用紧密绕组线圈,因而线圈匝数增加且铜线用量增幅小。而提升电压的关键因素却不是增加线圈匝数,而是降低磁路磁阻后得到更高的最大磁通量,在相同时间内降低到最小磁通量时具有更高的磁通变化率。一般发电机线圈中的磁力线方向会改变,而本发电机线圈中磁力线方向不改变,但通过设置两个线圈,也能达到磁力线方向改变的效果。比较而言,该发电机铜用量增加了,但是 E 型铁心的材料由取向硅钢片替代了无取向硅钢片,线圈中最大磁通量可以提升 20% 以上。还有一个最关键的因素,由于安装在 E 型铁心中柱端部的永磁体和定子铁心的中柱正对,两侧的空间位置使得永磁体磁极面积可沿中柱轴向方向增加,而厚度可以减小,这种方式在 E 型铁心两个边柱截面不变的情况下,提升了线圈中的最大磁通量。这可以通过运用 MagNet 电磁场仿真软件的仿真结果验证。

设置仿真模型永磁体的尺寸和形状如图 2-16 所示,一侧的永磁体尺寸为 30mm×30mm×20mm,另一侧的为 60mm×30mm×10mm,两块永磁体的体积相同,但厚度和磁极面积不一样,显然前者永磁体本身磁阻大,后者本身磁阻小。仿真结果如图 2-17 所示,左侧磁路的永磁体尺寸为 30mm×30mm×20mm,右侧的为 60mm×30mm×10mm,上部为 E 型铁心边柱端部和定子铁心中柱正对,而下部为错开,可以看出上部 E 型铁心边柱的磁通量密度较大,而下部的接近于零。发电线圈安装于边柱周围,可以看出最大磁通量密度从 0.7928T 上升到 1.5857T,提高约 100%。而定子铁心的材料为电工纯铁,其饱和磁通量密度大于 2.0T,可以进一步降低永磁体厚度而增加面积,获得更高的最大磁通量密度。

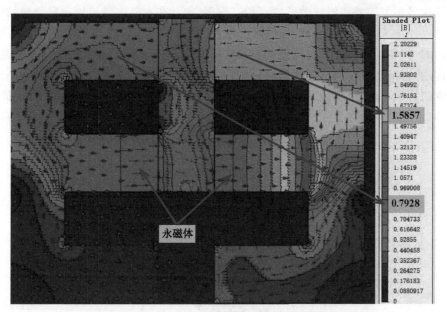

彩图 2-17

图 2-17　两种尺寸的永磁体仿真结果对比

综上所述,该发电机具有以下优点:

(1)造价高的线圈和永磁体均安排在动子上,利用率高,定子采用价格低的电工纯铁制造,加工容易且结构坚固;

(2)E 型铁心对置安装在定子两侧,由于磁场叠加使得定子铁心中的铁损大幅减小,提高了整体效率;

(3)采用大磁极面、薄永磁体,可以大幅增加线圈中磁通量,线圈内部的磁通量密度可以超过永磁体本身的剩余磁感应强度,提高材料的利用率;

(4)E 型铁心材料可采用取向硅钢片,进一步提高输出电压和功率。

2.3.3　一款低磁阻多气隙外转子永磁电动机[60]

前面阐述了目前永磁电动机的结构形式受感应电动机的影响较大,但永磁体的磁导率和铁心的磁导率的差异较大,因而可以改进永磁体的磁路,以获得更好的电动机功率密度,提出了一款新型低磁阻多气隙外转子永磁电动机,其结构如图 2-18 所示。磁动势由永磁体提供,磁路路径包括径向和轴向,但没有周向,这样在一块永磁体的磁路上,具有两个气隙,其余均为高磁导率的铁心。如此安排则该永磁体磁路中的总气隙为两个小厚度气隙,不再存在邻近永磁体带来的大磁阻。永磁体形成磁路在转子段气隙处的 N 极和 S 极如图中所示,即永磁体的 S 极沿转子铁心延伸到副气隙,由于存在漏磁,在副气隙处的 S 极的磁感应强度有部分降低。定子中绕线圈,当线圈通电后激发的磁场在定子部分的 N 极和 S 极如图中所示,显然在主气隙和副气隙处均可以绕制线圈,且线圈内铁心的磁阻不会增加。这样定子和转子磁场在主气隙和副气隙处均有相互作用,如此在永磁电动机轴向尺寸增加的同时,副气隙处也提供了能量交换区域,如果尺寸设计合理,反而能提高永磁电动机的功率密度。特别强调的是,在副气隙处具有径向气隙和轴向气隙,永磁体磁极和线圈磁极在这两个气隙处相互作用,进行能量转换输出动能。显然轴向气隙的加入能缩减永磁电动机轴向尺寸,缩小永磁体的体积,有助于获得更高的功率密度。需要说明的是,在气隙中磁场相互间是没有磁场力的,铁心磁极在对方从气隙传递过来的磁场中受力。因而定子和转子各自有磁极,相互之间有磁场力的作用。

彩图 2-18

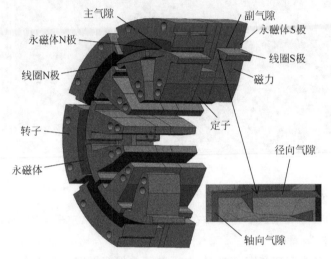

图 2-18　低磁阻多气隙外转子永磁电动机的磁路结构

　　这个方案的关键是在同等条件下能否提高气隙处的磁通量密度,如此就能判断磁路的磁阻是否得到了大幅降低。因此使用 MagNet 软件对其进行静态 3D 磁场仿真,观察相关区域的磁通量变化情况。建立仿真模型如图 2-19 所示,网格进行局部加密,永磁体材料牌号为 N35H,硅钢片材料和图 2-13 所示仿真一致,这样便于比较改进设计的提升效果。为更加清晰了解电动机内部的磁通量分布情况,因此设置一个切片,该切片处于定子铁心磁极的对称面,即从永磁体和转子铁心内部穿过,这样就能清晰观察定子、转子和气隙处的磁通量分布情况。由图 2-20 可知,主气隙处的磁通量密度达到 0.9967T,而图 2-13 中永磁电动机的对比位置处的为 0.8300T,在永磁体厚度、体积和铁心材料基本不变的情况下,气隙处的磁通量密度升高了 20.08%。由此可见,由于相邻永磁体的相互影响,前面分析得出的永磁体的工作点恶化结论是成立的,且这种永磁体安装方式在磁路中产生大磁阻的同时也增加了永磁体的退磁风险。在副气隙处也产生了 0.4983T 的磁通量密度,这个数值较小的原因为副气隙处的气隙面积比主气隙处增加很多,且磁路有漏磁。后续研究可以优化副气隙处定子和转子的尺寸和形状,充分利用铁心的导磁性能,达到提高永磁电动机功率密度的目的。

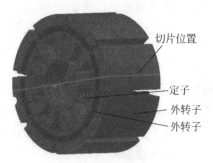

图 2-19　电动机仿真有限元网格模型图和切片位置图

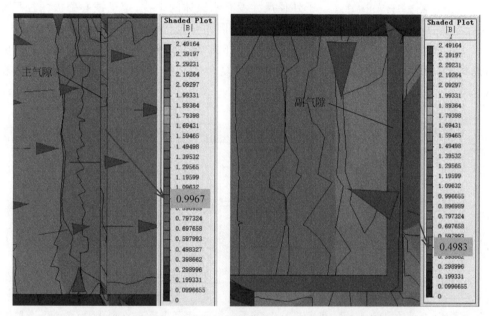

彩图 2-20

图 2-20　电动机的主气隙和副气隙处的磁通量密度云图

2.3.4　一款低磁阻多气隙内转子永磁电动机[61]

基于上述分析,内转子电动机也提出了如图 2-21 所示的方案,定义为双小气隙筒式永磁电动机,为清晰表达永磁电动机的特征结构,只画出部分定子铁心、转子铁心和永磁体。为进一步阐述其磁路特点,特制作图 2-22 详细解释其磁路特点。

图 2-22 中的双小气隙筒式永磁电动机磁力线图,左右两侧的永磁体产生的磁场主要在中部气隙处形成超强的磁场,控制好定子串接铁心(图 2-22 中的标识 3)的长度,则该电动机的功率能为左侧或右侧单个电机功率的 3 倍以上。功率提升的措施主要有如下几点:

(1)图 2-22 中所示的第一气隙处的磁通量密度提高 20%,则在线圈不过分发热的前提

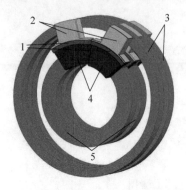

1—永磁体；2—定子铁心；3—定子串接
铁心，4 转子铁心，5 转子串接铁心

图 2-21　双小气隙筒式永磁电动机

下功率也能提高 20%；

（2）图 2-22 中所示的第二气隙处由于左右两侧的磁路在此处叠加，则能形成比 V 形排列永磁体对气隙处更强的磁通量密度提升作用，此处的磁通量密度能提高100% 以上，但受铁心饱和导磁能力的限制，不能将磁通量密度提升如此之高，但一般钕铁硼永磁体剩余磁感应密度为 1.2T 左右，硅钢片饱和磁通量密度为 1.8T，最大值可以考虑提升到 50%；

（3）第二气隙处主要是铁心磁极之间的相互作用，转子外径尺寸没有永磁体的干扰，定子铁心磁极内径尺寸没有线圈的干扰，因而可以将第二气隙处的铁心磁极尺寸增大 15%，在同样磁场力作用下，磁扭矩也能提高 15%。

再考虑将第二气隙改造为径向气隙和轴向气隙复合的气隙，则能进一步降低铁心体积和重量。

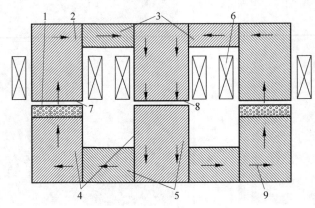

1—永磁体；2—定子铁心；3—定子串接铁心；4—转子铁心；5—转子串接铁心；6—线圈；7—第一气隙；
8—第二气隙；9—磁力线

图 2-22　双小气隙筒式永磁电动机磁力线图

2.3.5　双小气隙盘式永磁电动机[62]

双小气隙盘式永磁电动机如图 2-23 所示，扇形永磁体也是周向均布，其后面的转子铁心相互之间有槽以大幅增加两块永磁体之间磁路的磁阻，在定子铁心相互之间也有槽，以实现同样的目的。圆柱式电动机（也就是径向气隙电动机）的扭矩与电动机的体积成正比，而盘式电动机的扭矩与外径的三次方成正比，所以盘式电动机具有更高的功率密度和扭矩密度。

图 2-23　双小气隙盘式永磁电动机

2.4　永磁传动装置的磁扭矩计算

解析计算是常用的磁场计算方法,从麦克斯韦方程出发建立计算模型,仿真计算则能减少计算建模工作量,利用软件进行仿真计算以较快获得结果。大连交通大学葛研军等采用磁场、磁路结合的分析方法,建立气隙磁场及转矩的解析模型,所建模型与有限元计算精度相当,但具有速度更快和适于程序化的特点,便于设计调制式永磁齿轮[63]。河南理工大学的肖磊等研究了永磁齿轮传动比与主、从动磁极对数量的关系,使用有限元仿真技术,得出传动比在 5 左右为最佳组合方案[64]。为解决磁齿轮出现暂态振荡的问题,哈尔滨理工大学的谢颖等制作了传动比为 5.5 的磁场调制型磁齿轮,获得效率最高的一组结构参数,能有效抑制传动系的振动[65]。

兰州理工大学的杨巧玲等应用有限元方法分析了圆筒型直线磁场调制式磁力齿轮,计算了其气隙磁密、静态和动态推力特性,计算结果充分验证了设计的合理性,并优化了调磁环参数[66]。燕山大学朱学军等为获得满意的传动系统动力学特性,选择设计参数,对永磁行星齿轮传动系统受迫振动时域和频域响应进行了求解,分 3 种激励条件对该系统进行了时域和频域响应分析,讨论了系统磁性能参数对该系统频域响应的影响规律[67]。

2.5　本　章　小　结

从一种新型磁路的小行程直线发电机出发,介绍了涉及的永磁体的概念。这些永磁体概念中重点关注的有磁阻、工作点和动态回复磁导率,其中永磁体本身磁阻大的因素被重点考虑,提出了三种新型结构的永磁电动机,介绍了结构和工作原理,仿真分析了它们的永磁体单独作用时的磁通量分布情况及气隙处磁通量密度提升情况。通过仿真结果可知,这些改进措施能提升永磁电动机的功率密度。

第**3**章

永磁滑差传动方案的研究

　　汽车变速器大部分时间为持续传动工作模式,在换挡时为过渡工作模式。从第 1 章讨论可知,目前配备的自动变速器的主要传动方式为齿轮传动,不同挡位传动在切换时,如何降低换挡冲击是一个大问题。现有自动变速器有液力变矩器、双离合器两种连结发动机的部件,两者都是不中断动力以获得较好的换挡品质。还有通过自动控制系统操控膜片弹簧离合器的分离和接合规律来实现自动换挡,但换挡品质需要进一步提高。如果利用永磁传动的非接触特点,且它具有联轴器传动和滑差传动两种模式,换挡时动力不中断,既能提高换挡品质,还能实现高效率换挡,将具有现实意义。联轴器模式适应持续传动工作模式,具有效率高的特点,滑差传动模式适应换挡工作模式,不中断动力换挡能提高换挡舒适性。显然滑差传动模式是该理念是否可行的重点,应在满足滑差传动磁扭矩平稳、易控制和退磁风险小等前提条件下,研究获得具有高传动效率的机构。永磁体可以等效成恒磁通源或磁动势源[68],但两者的磁路结构不同,在永磁体以外的磁场分布受磁路影响非常大。本章列出了三种磁路不一致的永磁滑差传动机构的方案,三种方案分别为稀疏对称排列永磁铁、区域叠加永磁体和具有一条偏心弧的扇形永磁体,对它们进行研究以便得出磁扭矩-相对转角特性的影响权重,进而寻找到合适的结构方案。

3.1　稀疏对称排列永磁体

　　永磁体释放的磁场可以用磁力线表示,每小段磁力线均为矢量,磁力线在磁路中受到导磁介质的影响,一般为空气、高磁导率材料或两者的组合。永磁体释放的磁场也遵循叠加原理,因而不同排列方式和永磁体之间的距离均对磁路中的磁场分布有影响,进而对永磁滑差传动机构的磁扭矩-相对转角特性有影响。为方便计算一个永磁体在另一个永磁场中的受力,可将一个永磁体按磁场中的安培环路定律替换为等效环形电流,该等效环形电路在另一个永磁体不同位置产生的磁场可由毕奥-萨伐尔定律确定,如此则能计算永磁滑差传动机构中两个永磁体之间的磁扭矩。可见永磁体之间的磁场力、磁扭矩与空间位置有关,计算时可运用矢量代数。该永磁滑差传动机构的传动原理是依靠驱动磁盘和输出磁盘之间的磁扭矩作用完成功率传递,一个驱动磁盘和一个输出磁盘之间的磁扭矩是间断变化的。稀疏对称排列永磁体方案着眼于两个永磁体之间的磁场力与它们之间的距离有非常大的关系,距离近则磁场力大,反之则小,且和各自的外磁路组成有关。

方案一为扇稀疏对称排列永磁体方案,结构如图 3-1 所示,由相互作用的两对磁盘构成,磁盘组一由盘 1、盘 1′、盘 1″组成,它们连接输入轴,磁盘组二由盘 2 和盘 2′组成,它们连接输出轴,该永磁体具有联轴器传动模式和滑差传动模式两种工况。处于联轴器传动模式时,盘 2、盘 2′和盘 1、盘 1′相互之间距离小,它们传递的磁扭矩大且效率高,但不能变速。处于滑差传动模式时,盘 2、盘 2′和盘 1、盘 1′之间距离增大,它们之间的磁扭矩大幅减小,这时传递的是阻磁扭矩;盘 2、盘 2′和盘 1、盘 1″之间的距离减小,它们之间的磁扭矩大幅增大,传递的为驱动磁扭矩,总的传动扭矩为两者之间的差值。这样在传动时主动元件和从动元件之间有速度差,即能实现不中断动力换挡。

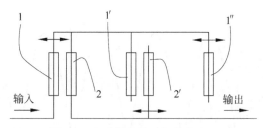

图 3-1　永磁滑差传动机构方案一

3.1.1　联轴器传动模式

可以设想该机构和摩擦离合器并联工作,当汽车在某一固定挡位行驶时,摩擦离合器提供主要的传动扭矩,永磁传动机构提供安全扭矩,且该永磁传动机构一直提供磁扭矩,在扭矩突然增大时,还能起到缓冲作用。显而易见,该机构主动部分和从动部分没有相对滑动,由于滑差传动带来的摩擦损失、电涡流损失和发热问题等均不明显,系统的效率较高。同时该机构为正透穿性,即对发动机的转矩和转速干扰较小。

3.1.2　滑差传动模式

现有永磁联轴器不能工作于滑差传动模式,否则扭矩的时间规律为脉动型式,扭矩有正有负,将引起传动系统的扭转振动非常大,不能满足汽车换挡时要求的换挡平顺性。利用图 3-1 提出的方案则能实现滑差传动模式,例如当滑差摩擦离合器分离时,显然需要的传动扭矩远大于滑差传动机构的最大磁扭矩,因而两对磁盘组交替工作,它们的扭矩和为正向,即和汽车动力系传动扭矩方向一致。具体就是当盘 1 和盘 2、盘 1′和盘 2′之间距离小、磁扭矩大时,它们之间的磁扭矩为正向,而盘 2 和盘 1′、盘 2′和盘 1″之间距离大、磁扭矩小时,它们之间的磁扭矩为负向,两个磁扭矩之和为正向,为需要的传动扭矩。当驱动磁盘和输出磁盘之间的相对转角达到一个数值后，盘 1 和盘 2、盘 1′和盘 2′之间距离变大、磁扭矩变小时，它们之间的磁扭矩为负向，盘 2 和盘 1′、盘 2′和盘 1″之间距离变小、磁扭矩变大时，磁扭矩增大且为正向，两个磁扭矩之和仍为正向。如此交替变化即能实现滑差传动。这个滑差传动的数值可以为正常传动扭矩的 1/10 左右，这个数值虽然小，但和手动换挡比较，手动换挡有短时间的动力中断，离合器再接合时，其扭矩从零开始增大，扭矩冲击度很大，而同等条件下，如果有 1/10 的扭矩一直在传动，传动扭矩值从 1/10 增长到最大，扭矩冲击度将会大大降低。有一个换挡方式为离合器半联动时就换挡，控制较好时能获得较好的换挡品质，但摩擦离合器的磨损将会增大。而本机构为非接触传动，相当于在较小的传动扭矩下换挡，扭矩冲击度将会大幅减小。该传动扭矩为图 3-2 展示的脉动扭矩，抑制脉动使传动扭矩平稳是研究的重点。由于传动扭矩均为两对机构的磁扭矩之和，这个合成扭矩最小值不为 0，则扭矩的脉动程度将大幅减小，按照这个思路进行了下面的研究。

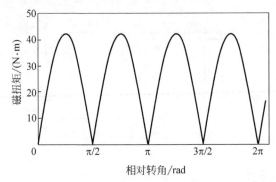

图 3-2   正向传动扭矩的规律

3.1.3   机构参数特性的研究

1. 磁盘中永磁体数目的研究

从上面的介绍可知输出磁盘作轴向往复运动，因此输出磁盘的轴向运动频率由驱动磁盘、输出磁盘之间的最大转速差决定：

$$f = D_m n_i / (2 \times 60) \tag{3-1}$$

式中：D_m——磁盘中的磁块对数；

$\quad\quad n_i$——主、从动磁盘的转速差，r/min；

$\quad\quad f$——输出磁盘轴向运动频率，Hz。

转速差 n_i 与相邻两个挡位的传动比有关，如果传动比较大，则频率高，增加挡位数则能有效降低 n_i 的数值，也能降低控制机构的实现难度和提升动态性能。D_m 综合各种因素取 4，D_m 越大，则 f 越大，输出磁盘在作轴向往复运动时的惯性力越大，为降低惯性力需要更小的输出磁盘质量。同时 D_m 也与转速差有关，转速差越大则希望 D_m 越小，以易于实现输出磁盘作轴向往复运动。f 直接和控制机构的实现难度有关,显然 f 越小,控制机构中产生的最大惯性力越小,实现难度越小,但它又受变速器结构的影响,如果挡位数很多,则变速器结构复杂。

2. 传递磁扭矩的研究

为了研究磁扭矩-相对转角特性,确认其平顺性的程度,选用等效磁荷法,运用 MATLAB 软件进行静态磁扭矩计算。驱动磁盘和输出磁盘中的扇形永磁体的相对位置和布置方案如图 3-3 所示,标记上部永磁体的上表面为 a,标记下部永磁体的上表面为 b,两者之间磁扭矩计算公式为式(3-2)。

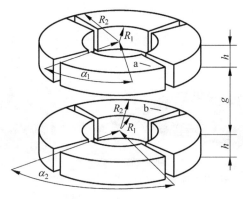

图 3-3　永磁体的布置

$$T_{12} = \int_{R_1}^{R_2} \mathrm{d}r_1 \int_{R_1}^{R_2} \mathrm{d}r_2 \int_{\phi+\delta_2}^{\beta_2+\phi+\delta_2} \mathrm{d}\alpha_2 \int_{0+\delta}^{\beta_1+\delta_1} I \sin(\alpha_2 - \alpha_1) \mathrm{d}\alpha_1$$

$$I = \frac{B_1 B_2 r_1^2 r_2^2}{4\pi\mu_0 \mid d_{12} \mid^3} \tag{3-2}$$

式中:B_1,B_2——驱动、输出磁盘扇形永磁体表面的磁场强度,T;

$\quad\quad R_1,R_2$——扇形永磁体的内径和外径,驱动、输出磁盘尺寸一致,mm;

$\quad\quad \delta_1,\delta_2$——驱动、输出磁盘扇形永磁体扇形角修正值,用于调整磁扭矩的规律和大小,rad;

$\quad\quad \alpha_1,\alpha_2$——驱动、输出磁盘扇形角值,rad;

$\quad\quad r_1$——上部扇形永磁体等效磁荷面积微元的半径;

$\quad\quad r_2$——下部扇形永磁体等效磁荷面积微元的半径;

$\quad\quad I$——一个中间变量;

$\quad\quad \mu_0$——真空磁导率,H/m。

将式(3-2)代入具体参数,运用 MATLAB 中的多重积分函数可以算出相应的数值。等效磁荷法需要算出上部扇形永磁体的上表面和下部扇形永磁体的下表面、上部扇形永磁体的下表面和下部扇形永磁体的上表面、上部扇形永磁体的下表面和下部扇形永磁体的下表面的磁扭矩,它们的代数和为整个滑差传动机构的磁扭矩,磁扭矩-轴向距离-相对转角关系如图 3-4 所示。在扇形永磁体轴向距离为 2mm 时,磁扭矩最大约为 110N·m,气隙为 6mm 时磁扭矩约为气隙为 2mm 时的一半。参考双离合器自动变速器换挡时离合器的扭矩变化规律,换挡时两个离合器扭矩约为其最大传动扭矩的一半即能实现平顺换挡,所以选择无滑差传动的间隙为 2mm,有滑差传动的间隙为 6mm。实物模型如图 3-5 所示,运用数显扭矩扳手测量磁扭矩,将测量结果和理论计算值进行对比以验证理论计算方法的正确性。

彩图 3-4

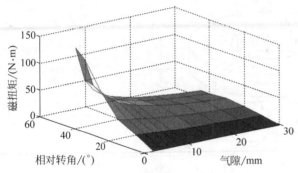

图 3-4　磁扭矩-轴向距离-相对转角的关系

图 3-5　用于测试磁扭矩的实物模型

3. 扭矩的平顺研究

上一小节选择了一个很小的轴向距离,但实际实验中按这个值安装困难,需要专门的工装。且设计的磁扭矩不需要这么大。为便于操作和尽快获得研究结论,选择了更大的轴向距离。气隙距离也关系到输出磁盘轴向运动的距离,距离太大虽然能获得更大的传动扭矩,但轴向运动时间会延长,不适应高转速差。这里仅为验证方案的可行性,所以选择较大的轴向距离,在获得结果后,反推到小轴向距离,即能完成验证。因此选择磁盘间气隙分别为 6mm 和 26mm,相对转角范围为 [0°,180°] 研究磁扭矩-相对转角特性。由于磁扭矩随相对转角以每 180° 为周期进行变化,所以仅研究 [0°,180°] 范围内的磁扭矩变化规律。图 3-6 中虚线表示正向磁扭矩,点画线表示反向磁扭矩,两个磁扭矩叠加后的曲线为图中"▷"线。这里需要强调一点,输出磁盘往复运动的力,是由驱动磁盘和输出磁盘之间磁力的轴向分力提供的,不需要再安排专门的操控机构,这也是本机构的一个优点。

观察相对转角 [0°,180°] 内的磁扭矩变化规律,发现叠加后的磁扭矩为正向,且中间部分磁扭矩比较平稳,这是滑差传动机构需要的特性。可以看出该方案能获得在一个较宽的相对转角范围内波动小的正向磁扭矩。但两端的磁扭矩较小,这在传动时将会产生较大脉动。设想了一个解决办法,就是组合两个这样的机构,单个驱动转角范围大于 180°,取中间磁扭矩平稳的转角范围为 180°,当两个机构并联后,能在 360° 范围内获得平稳的磁扭矩。

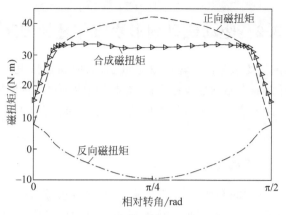

图 3-6　正向、反向及叠加磁扭矩规律

在实际制作过程中发现控制轴向运动的导轨形状很重要,例如通过增加过渡圆弧半径以达到缓冲目的时,不但会影响磁扭矩-相对转角特性,而且对从动磁盘的轴向冲击较大,因此缩减轴向移动尺寸非常必要。同样,减小输出磁盘质量也是一个措施,但输出磁盘的永磁力非常大,如果磁盘的骨架刚度不够,则输出磁盘的变形较大。因此当两对磁盘的相位调整好后,根据各自的磁扭矩-相位转角特性,需要优化式(3-2)中的 δ_1、δ_2、α_1 和 α_2 参数值,以及它们的组合,即为多参数优化问题。通过合适算法优化后获得合适的 δ_1、δ_2、α_1 和 α_2 参数值及其组合。对于磁扭矩曲线两端的处理,涉及的因素比较多,且该段曲线的规律将会引起输出磁盘有较大的抖动,这将是后续重点研究的问题。

通过上述研究可知,设置输出磁盘在旋转的同时作轴向往复运动,通过改变驱动磁盘和输出磁盘之间的距离,得到了在滑差传动模式下的新型磁传动机构。在优化两组磁盘的安装参数和永磁体的形状参数后,在 $[0°,90°]$ 范围内得到平顺磁矩扭。由于该机构具有两种工作模式,因此能得到较高效率。以 AMT 自动变速器的换挡为例,在固定挡位驱动时,机构工作于联轴器传动模式,系统效率高,在换挡时以 10% 的最大扭矩传动,动力不中断且换挡难度小,类似 DSG 自动变速器的换挡过程,能实现平顺换挡。该方案的磁扭矩-相对转角特性在大相对转角范围内已经比较平稳,但这种方法没有考虑磁路中有高导磁率导磁材料的情况,永磁体释放的磁场均在空气中,磁盘骨架采用的是铝合金材料,因而该机构在磁路优化后扭矩密度能进一步提高。但由于驱动磁盘和输出磁盘两侧的永磁体均需要磁场力相互作用,永磁体的利用率很高。虽然输出磁盘和驱动磁盘的永磁体之间气隙小,但在永磁体错开位置时,永磁体和对方磁盘铁心之间的间隙很大,则磁阻很大。由于没有使用导磁材料降低磁路的磁阻,系统中永磁体工作点被恶化,磁路磁阻较大,导致永磁材料使用量大使得成本较高,且增加了输出磁盘重量,对相对转速差的适应性降低。为改进该机构的缺陷,提高其性能,提出了扇形永磁体叠加方案。

3.2   驱动磁盘扇形永磁体叠加方案

稀疏对称排列永磁体要求输出磁盘质量尽量小,而驱动磁盘没有这个要求。为达到同样的磁扭矩值目标,计划加大驱动磁盘中永磁体尺寸以得到更强的空间磁场,而减小输出磁盘的质量和转动惯量,这样能提升永磁滑差传动机构的性能,基于这个想法提出了驱动磁盘扇形永磁体叠加方案。

3.2.1   建立磁扭矩计算模型

由于驱动磁盘中永磁体的叠加,有部分永磁体面积被重叠,这在计算中需要特别处理,增加了计算难度,因而采用等效电流来计算磁扭矩。驱动磁盘中的永磁体均为扇形永磁体且被轴向充磁,从每一块永磁体中抽出一扇形薄片,该扇形薄片端面的法线方向为充磁方向。按照安培分子电流假说将永磁体等效为形状相似的许多小扇形微电流 i',小扇形微电流 i' 产生的叠加磁场和永磁体释放的磁场一致。根据斯托克斯定理把小扇形微电流 i' 等效为外围的电流 i,为方便计算,电流 h 为弧线电流,电流 j 为径线电流。等效的过程为处于同一半径环上的相邻小扇形微电流 i' 由于与同一位置径线电流 j 方向相反、大小相同而抵消,先等效为同一小半径的扇形微电流 i''。此时只有沿径向排列的扇形微电流 i'',它们的相邻弧线电流 h 被抵消,最终简化为一个外围的电流 i,等效的电流如图 3-7 所示。

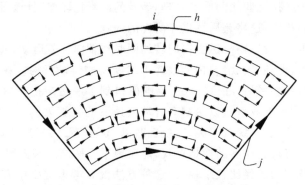

图 3-7   简化为电流模型的扇形永磁体

输出磁盘载流导体(a 点)在磁场中(驱动磁盘 b 点)受到的磁场力由毕奥-萨伐尔定律可知满足关系 $I\mathrm{d}L \times \mathrm{d}B$,驱动磁盘永磁体处的电流和输出磁盘永磁体电流之间的相对位置关系如图 3-8 所示。由于磁盘间均为空气介质,且磁盘架和轴均为磁导率较低的材料,a 点的等效电流在深色片体面 b 点上产生的磁场用 $\mathrm{d}B$ 表示,方向垂直面 oab。同为弧线电流 h 产生的,磁力矩一定为 0,因为方向平行则叉乘的方向和输出磁盘轴线平行,则该力对于输出磁盘的扭矩被轴的支撑处反力抵消。输出磁盘需要的磁力方向为周向,这样才能获得输出扭矩,因此只需计算径向电流的受力情况。

在输出磁盘扇形永磁体的径线位置都产生磁场。因此,主动磁体简化后的电流模型考虑扇形永磁体等效后的弧线电流和径线电流,输出磁体简化后的电流模型仅考虑扇形永磁体等效后的径线电流。驱动磁盘的永磁体被叠加而结构复杂,称为复杂磁盘;输出磁盘仅有稀疏的扇形永磁体,因此称为简单磁盘,系统的三维模型如图 3-9 所示。

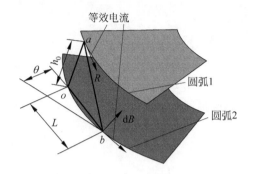

图 3-8 驱动磁盘永磁体处的电流和输出磁盘永磁体
电流之间的几何关系

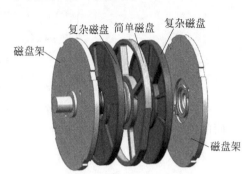

图 3-9 永磁滑差传动机构的方案图

首先考虑驱动磁盘永磁体在输出磁盘永磁体处产生的磁感应强度。由毕奥-萨伐尔定律可知,等效电流产生磁场的磁感应强度为

$$\mathrm{d}\boldsymbol{B} = \frac{\mu_0 I}{4\pi}\left(\frac{\mathrm{d}\boldsymbol{l} \times \boldsymbol{a}}{L^2 + h_0^2}\right) \tag{3-3}$$

式中:$\boldsymbol{B}$——磁感应强度,T;

$\boldsymbol{a}$——单位矢量,方向沿研究点与等效电流之间的连线。

由上述分析可知,弧线电流之间不产生输出磁扭矩,只需要考虑 z 向的分量,所以转化为标量来做,下式为仅考虑大小、不考虑方向的计算公式,计算后的量再转化为 z 向。

$$\mathrm{d}B_z = \frac{L}{\sqrt{L^2 + h_0^2}} \cdot \mathrm{d}B = \frac{\mu_0 I_1 L \sin(\theta) \cdot \mathrm{d}l}{4\pi(\sqrt{L^2 + h_0^2})^3} \tag{3-4}$$

式中,L 为驱动磁盘永磁体电流元投影至输出磁盘永磁体面后与输出磁盘永磁体电流元间的距离;h_0 为它们分别所处的沿 z 轴方向高度差。考虑驱动磁盘永磁体的弧线电流在输出磁盘永磁体的径线电流处产生的磁场,在输出磁盘扇形永磁体左右径向线上,具体位置由半径大小决定,R 为可变化的半径,式(3-4)中的 $\mathrm{d}l = R\mathrm{d}\phi$,驱动磁盘永磁体等效电流的弧线部分产生的轴向磁感应强度见图 3-10:

$$\begin{aligned}
B_{z1} &= \int_{\phi_1}^{\phi_2} \frac{\mu_0 I_1 L \sin(\theta) R \cdot \mathrm{d}\phi}{4\pi(\sqrt{L^2 + h_0^2})^3} \\
&= \int_{\phi_1}^{\phi_2} \frac{\mu_0 I_1 [R - \cos(\phi)L_2] R \cdot \mathrm{d}\phi}{4\pi(\sqrt{L^2 + R^2 - 2\cos(\phi)L_2 R + h_0^2})^3}
\end{aligned} \tag{3-5}$$

图中 ΔL_1 为长度微元，$\Delta \Phi$ 为角度微元。考虑驱动磁盘永磁体的径线电流在输出磁盘永磁体的径线电流处产生的磁场，在输出磁盘扇形永磁体左右径向线上的磁感应强度具体位置由 L_3 大小决定，各个参数之间的位置关系如图 3-11 所示，产生的磁感应强度计算公式如下：

$$B_{z2} = \int_{r_1}^{r_2} \frac{\mu_0 I_1 L \sin(\theta) \cdot dL_2}{4\pi(\sqrt{L^2 + h_0^2})^3}$$

$$= \int_{r_1}^{r_2} \frac{\mu_0 I_1 \sin(\alpha) L_3 \cdot dL_2}{4\pi(\sqrt{L^2 + L_3^2 - 2\cos(\alpha)L_2 L_3 + h_0^2})^3} \tag{3-6}$$

则在输出磁盘永磁体径线处任一点产生的磁感应强度的 z 向分量如式（3-7）所示，参数之间的位置关系如图 3-11 所示：

$$B_z = B_{z1} + B_{z2} \tag{3-7}$$

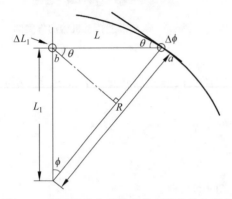

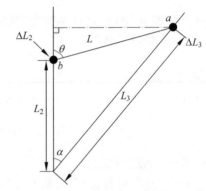

图 3-10　驱动磁盘永磁体弧线电流在输出磁盘　　　　图 3-11　驱动磁盘永磁体径线电流在输出磁盘
　　　　永磁体径线处产生的磁场强度　　　　　　　　　　永磁体径线处产生的磁场强度

输出磁盘永磁体径线处对应点的电流元受到的磁扭矩为

$$dT = L_2 \cdot dF = L_2 \cdot I_2 \cdot dL \cdot \left[\int_{r_1}^{r_2} \frac{\mu_0 I_1 \sin(\alpha) \cdot dL_1}{4\pi(\sqrt{L_1^2 + L_2^2 - 2\cos(\alpha)L_1 L_2 + h_0^2})^3} + \int_{\phi_1}^{\phi_2} \frac{\mu_0 I_1 [R - \cos(\phi)L_2] R \cdot d\phi}{4\pi(\sqrt{L_2^2 + R^2 - 2\cos(\phi)L_2 R + h_0^2})^3} \right] \tag{3-8}$$

输出磁盘永磁体片体受到驱动磁盘永磁体片体的磁扭矩为两条径线电流受到的磁扭矩之和，其计算公式如下：

$$T_1 = \int_{r_1}^{r_2} L_2 \cdot I_2 \cdot \left[\int_{r_1}^{r_2} \frac{\mu_0 I_1 \sin(\alpha) L_2 \cdot dL_1}{4\pi(\sqrt{L_1^2 + L_2^2 - 2\cos(\alpha)L_1 L_2 + h_0^2})^3} + \right.$$

$$\int_{\phi_1}^{\phi_2} \frac{\mu_0 I_1 [R - \cos(\phi) L_2] R \cdot \mathrm{d}\phi}{4\pi (\sqrt{L_2^2 + R^2 - 2\cos(\phi) L_2 R + h_0^2})^3} \Bigg] \tag{3-9}$$

式(3-9)实际为二重积分,分别为驱动磁盘永磁体片体的弧线电流和径线电流给予输出磁盘永磁体片体的磁扭矩。

再考虑驱动磁盘永磁体和输出磁盘永磁体的厚度,将扇形片体叠加而成扇形永磁体,将片体受到的磁扭矩按厚度再进行积分,则有

$$T_z = \int_0^{h_{m2}} \int_{h+h_i}^{h+h_i+h_{m1}} \mathrm{d}T_1 \tag{3-10}$$

式中：h_{m2}——驱动磁盘永磁体的厚度,mm;

　　　h_i——输出磁盘永磁体积分的起始厚度,mm;

　　　h_{m1}——输出磁盘永磁体积分的最终厚度,即为该永磁体厚度,mm。

将式(3-9)代入式(3-10),得到

$$T_z = \int_0^{h_{m2}} \mathrm{d}h_1 \cdot \int_{h+h_i}^{h+h_i+h_{m1}} \mathrm{d}h_0 \cdot \int_{r_1}^{r_2} \frac{L_2 \cdot I_2}{h_{m2}} \times$$

$$\left(\int_{r_1}^{r_2} \frac{\mu_0 I_1 \sin(\alpha) L_2 \cdot \mathrm{d}L_1}{4\pi (\sqrt{L_1^2 + L_2^2 - 2\cos(\alpha) L_1 L_2 + h_0^2})^3} + \right.$$

$$\left. \int_{\phi_1}^{\phi_2} \frac{\mu_0 I_1 [R - \cos(\phi) L_2] R \cdot \mathrm{d}\phi}{4\pi h_{m1} (\sqrt{L_2^2 + R^2 - 2\cos(\phi) L_2 R + h_0^2})^3} \right) \tag{3-11}$$

其中,I_1 和 I_2 的计算公式为

$$I_{s1} = \frac{I_1 \cdot \mathrm{d}h_0}{h_{m1}}, \quad I_{s2} = \frac{I_2 \cdot \mathrm{d}h_i}{h_{m2}}$$

永磁体本身的磁导率和空气接近,钕铁硼永磁体的相对磁导率为 1.05,因此驱动磁盘中叠加的永磁体各自释放的磁场,可以视为在空气中的叠加磁场。驱动磁盘和输出磁盘永磁体排列的规律如图 3-12 所示,为研究该机构磁扭矩-相对转角特性,标记 ϕ_1 为叠加永磁体与大扇形永磁体的重叠角,ϕ_2 为叠加永磁体与小扇形永磁体的重叠角,ϕ_3 为叠加永磁体的圆心角,ϕ_{1_2} 为输出磁盘中大扇形永磁体与小扇形永磁体的夹角,ϕ_{1_3} 为叠加永磁体大扇形永磁体之间的夹角,δ 为叠加永磁体的厚度,δ_{D_L} 为驱动磁盘中扇形永磁体与输出磁盘扇形永磁体之间的最小气隙厚度。由前述分析可知,需选择表 3-1 中所有参数作为因子进行磁扭矩和的计算,因为提出模型的复杂程度不高,因而每个因子取两个水平,如将所有的组合计算一次则需计算 2^7 次,共计 128 次,计算量非常大且没有必要。因而采用正交设计法,仅需要计算 8 次,即能获得所有最佳参数组合的磁扭矩,以及各个参数组合对磁扭矩平均值和方差的影响权重。利用 MATLAB 软件编写计算程序(程序见附录 1)进行计算,得到的 8 组数据见表 3-1,磁扭矩-相对转角特性曲线如图 3-13 所示。

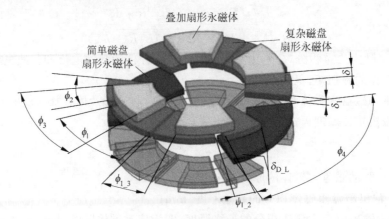

图 3-12　机构的变化参数

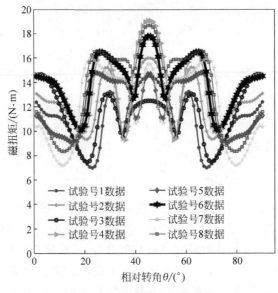

图 3-13　磁扭矩仿真计算结果

表 3-1　机构参数的正交试验

试验号	因　子						
	ϕ_1	ϕ_2	ϕ_3	ϕ_{1_2}	ϕ_{1_3}	δ	δ_{D_L}
1	1	1	1	1	1	1	1
2	1	1	1	2	2	2	2
3	1	2	2	1	1	2	2
4	1	2	2	2	2	1	1

续表

试验号	因　子						
	ϕ_1	ϕ_2	ϕ_3	ϕ_{1_2}	ϕ_{1_3}	δ	δ_{D_L}
5	2	1	2	1	2	1	2
6	2	1	2	2	1	2	1
7	2	2	1	1	2	2	1
8	2	2	1	2	1	1	2
组	1	2			3		

3.2.2　数值计算结果分析

磁扭矩的平均值是一个重要数据,表征该方案传递功率的能力,各组的平均值分别为 10.96、12.34、11.38、13.74、12.07、14.12、12.1 和 13.41,单位为 N·m,第 6 条曲线的平均值为 14.12N·m,为最高的方案。当然不仅仅要求高平均值的组合,还需要磁扭矩-相对转角特性尽量平稳,这用每组数据的标准差来表征,各组的标准差分别为 2.14、2.00、2.11、2.64、2.11、2.07、3.03 和 3.41,第 2 组和第 6 组数据波动较小,因此第 6 组数据为最适合的一个方案。后续的优化应围绕第 6 组方案进行,这样获得最优方案的概率较大。但这些方案有一个共同的不足,在相对转角为 15°左右时,磁扭矩急剧下降形成了一个低点,然后又快速上升,在相对转角为 35°左右时,磁扭矩急剧下降又形成了一个低点,然后快速上升,这样在[0°,45°]范围内有两个波谷,这是这个方案的硬伤。

为验证理论计算的正确性,特制作实物如图 3-14 所示,并使用扭矩扳手手动测试数据,测试的数据和仿真数据的对比为图 3-15。可以看到测量数据和仿真数据具有相关性,但在一些区域存在一些差异。这是由于制作实物的磁盘架为铝合金,在较大磁力作用下,其变形较大,而气隙厚度尺寸对永磁体相互之间磁力大小影响较大,因而磁盘架变形是存在差异的主要原因。实测磁扭矩增大的区域,对应的是磁盘架变形使得气隙减小的状况,实测磁扭矩减小的区域对应的是磁盘架变形使得气隙增大的状况。

在驱动磁盘上叠加多个永磁体,并没有获得波动降低的磁扭矩-相对转角特性。究其原因,就是扇形永磁体在相对转角范围,驱动磁盘和输出磁盘上永磁体相互位置改变时有突变,即在两个磁盘相对转动时,安装于其上的永磁体从相互没有正对面积到有正对面积存在突变,同时从有正对面积到没有正对面积也存在突变。这是由于永

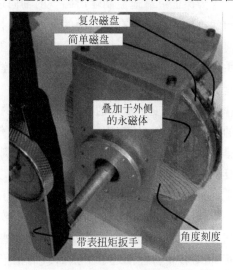

图 3-14　磁扭矩-相对转角特性测试装置

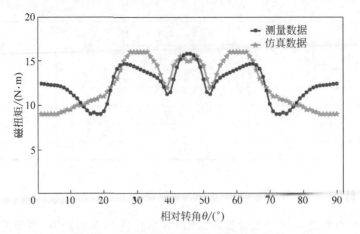

图 3-15 实际测量的磁扭矩-相对转角特性

磁体在大气隙下,与磁极面距离较小的气隙部位磁场分布主要由永磁体决定,而距离大的气隙部位则易突变,这就是磁极正对面积发生突变时磁扭矩-相对转角特性波形发生较大波动的原因。目前的方案是多个扇形永磁体综合磁场力的表现,磁扭矩的平稳性和设计目标还有一定的差距,再继续进行扇形永磁体的叠加已经没有太大意义,后续研究需要在永磁体形状方案有更大的突破,而这困难较大。暂时放下上述研究,考虑如何更好地实现连续的正向磁扭矩输出,故设计了在滑差传动时简单输出磁盘的轴向运动控制机构。

3.2.3 输出磁盘导向控制机构设计

为保证可靠地控制输出磁盘的轴向运动规律,选定机械导向结构。设计了如图 3-16 所示的机构。表面具有导向槽的轴向运动控制筒是该机构中的一个关键零件,轴向运动控制筒的导向槽包括环向槽和轴向槽。该控制传动机构具有主动组和间隙驱动控制元件,其中,主动组包含左驱动磁盘、右驱动磁盘和连接圆筒,间隙驱动控制元件包含输出磁盘,传动圆盘、间隙驱动控制盘和轴向运动控制筒。主动组左右两个磁盘分别和从动组左右两个磁盘作用,通过改变主动组的两个磁盘之间的轴向距离改变左右两对磁盘磁扭矩的大小,从动组的两个磁盘轴向距离固定。运行于滑差传动工况时,当左侧磁盘相互吸引时右侧磁极相互排斥,从动组沿导向槽的轴向槽滑向一侧,这样左侧磁盘传递大正向扭矩,右侧磁盘传递小反向扭矩,导向槽的环向槽保证了两者之间的间隙大小稳定;当左侧磁盘传递正向扭矩结束时,则左侧磁盘中永磁体磁极之间相互排斥,右侧磁盘中永磁体磁极相互吸引,从动组沿导向槽滑向右侧,左侧磁盘间的扭矩就转变为反向小阻磁扭矩,而右侧磁盘间传递大正向磁扭矩。如此交替工作后,系统即能在滑差工作模式下输出正向扭矩,如果磁盘的输出磁扭矩-相对转角特性接近于正弦曲线的正半周,则获得图 3-17 所示的磁扭矩-相对转角曲线。当系统工作于联轴器模式下,则当主动组和从动组之间没有轴向相对滑动时,传递效率最高,只用一侧的磁盘对主要完成磁扭矩传递,另一侧磁盘对仅产生小阻磁扭矩,磁扭矩和为正向,这样和摩擦离合器协同工作,能作为后备扭矩。

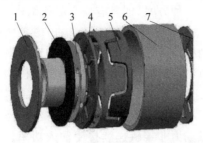

1—左驱动磁盘；2—传动圆盘；3—间隙驱动控制盘；4—输出磁盘；5—轴向运动控制筒；6—连接圆筒；7—右驱动磁盘

图 3-16　永磁滑差传动机构三维模型

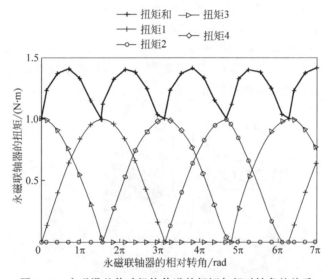

图 3-17　永磁滑差传动机构传递的扭矩与相对转角的关系

通过以上对导向控制机构和磁扭矩的分析可知,输出磁盘在轴向导向槽控制下作轴向往复运动后实现磁扭矩的连续输出。通过环向导向槽能保证磁盘对轴向间隙的稳定,在两侧磁盘对磁扭矩叠加后,降低了磁扭矩的脉动。其中最重要和最迫切的研究还应放在结构设计上,并获得合适的轴向导向槽、环向导向槽的参数,以和驱动磁盘、输出磁盘中永磁体参数匹配,协同研究得到具有平稳的磁扭矩-相对转角特性的永磁滑差传动机构。

3.3　具有偏心圆弧结构的异形永磁体方案

上述两种方案采用的永磁体均为扇形永磁体,均为在 90°转角范围内完成一个周期的驱动。由于永磁体磁极正对面积的突变,在输出的磁扭矩-相对转角特性曲线上有突变,这显然不利于输出扭矩的平稳性。且磁盘的轴向周期运动将会带来控制困难、噪声大等问题,为解决这些问题,因而提出第三种方案,即具有偏心圆弧结构的异形永磁体方案。该方案采用将输出磁盘的轴向往复运动改为周向往复运动,输出磁盘使用具有偏心圆弧结构的异形永磁体替代扇形永磁体,驱动磁盘使用平铺大圆心角扇形永磁体替代多圆心角扇形永磁体的叠加方法,即具有偏心圆弧结构的异形永磁体滑差传动机构方案。该机构和摩擦离合器并联安装于发动机和变速器之间,换挡时为滑差传动模式,固定挡位传动时为联轴器传动模式。该机构工作于滑差传动模式时,摩擦离合器分离,驱动磁盘通过专门的驱动控制机构和发动机连接,输出磁盘通过磁场力非接触连续接受输入功率。系统结构和永磁体的分布如图 3-18 所示,输出磁盘上的具有偏心圆弧结构的异形永磁体,在和驱动磁盘上的大圆心角扇形永磁体作相对往复转动时,正对磁极面面积不发生突变,这样使得输出磁扭矩-相对转角特性符合要求。在滑差传动工况下,该机构的滑差传动工作方式和输出磁盘与驱动磁盘相对转角的大小关系紧密,该相对转角范围为 0°～90°。将相对转角范围划分为两部分,一部分为发动机通过驱动磁盘驱动输出磁盘,一部分为驱动磁盘释放本身动能驱动输出磁盘,这个过程通过控制机构来实现。该相对转角范围的大小与驱动磁盘的转动惯量、传递的磁扭矩和相对最大转速差的大小均有紧密关系。

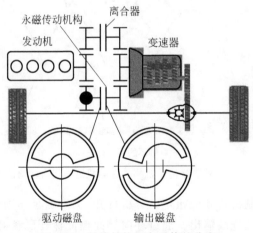

图 3-18　系统结构和永磁体的分布

3.3.1　建立扇形永磁体的永磁滑差离合器计算模型

建立的仿真模型如图 3-19 所示。驱动磁盘和输出磁盘均包含 16 片 0.5mm 厚的硅钢片(在实际制作时应采用卷绕方式制作铁心,具有更小的铁损),在驱动磁盘硅钢片的一侧安装有两个扇形永磁体,在输出磁盘硅钢片的一侧安装有两个异形永磁体。因此将驱动磁盘和输出磁盘上的永磁体的形状和大小设计为规则扇形,同一磁盘上的扇形永磁体之间的间隔角设计为 30°，扇形永磁体外径为 130mm，内径为 46mm，扇形圆心角为 150°，这样在驱动磁盘和输出磁盘相对转动 90° 后，不会出现永磁体磁极面正对面积发生突变的情况。永磁材料为钕铁硼（牌号为 N48），剩余磁场强度（B_r）为 1300mT，硅钢片材料选无取向硅钢片。仿真时选择气隙的厚度为 2mm，驱动磁盘转速为 1°/ms，仿真时间为 360ms，即驱动磁盘在 360ms 内相对于输出磁盘旋转 360°。选取长度为 90ms 的模拟结果段作为研究对象，选择的条件是磁扭矩平均值较大、波动较小。

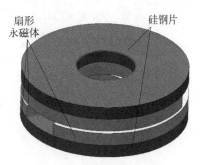

图 3-19　初始的仿真模型

　　仿真计算所得的磁扭矩-相对转角特性曲线如图 3-20 所示，在相对转角 0° 时对应的磁扭矩为 18N·m 左右，随相对转角的增加，磁扭矩单调快速上升，在 90° 左右时磁扭矩达到最大值，而后随相对转角的增加开始下降。可见磁扭矩-相对转角并非线性关系，究其原因，内在的影响因素很多，但很大程度是永磁体之间的磁场力受相对位置的影响较大，即永磁磁路的特性，进而影响了磁扭矩的大小和方向。这已经是多次调整永磁体参数和硅钢片参数获得的优选扭矩规律。可见如果将扇形磁铁并排布置，则其磁扭矩-相对角度特性曲线类似于正弦曲线，由于有较大的脉动而不适用于滑差传动。仔细观察扇形永磁体的相对位置变化和磁扭矩-相对转角特性曲线，磁扭矩随相对转角的增加呈曲线规律增加，为降低随相对转角增加的磁扭矩增量部分，设想用圆弧来切除扇形永磁体的一部分，减小磁扭矩增量部分，再通过调整的合适参数，最终获得平稳的磁扭矩特性。由于仿真计算软件只接受设计好的几何模型，无法调整几何模型参数，因而只能通过手动修改几何模型参数，多次仿真后选取合适的参数范围，以确定修改方向。

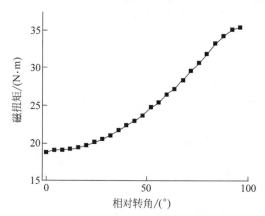

图 3-20　扇形永磁体的仿真扭矩规律

3.3.2　异形永磁体方案研究

　　上节的研究显示，即使在驱动磁盘和输出磁盘中稀疏排列扇形永磁体，并且在 0°～90° 相对转角范围内永磁体磁极面的正对面积不发生突变，仍然难以获得平稳的磁扭矩-相对转角特性，在研究后提出了异形永磁体方案，如图 3-21 所示。为便于调整参数和对比仿真计算结果，特将切割圆弧圆心和扇形永磁体圆心置于同一水平轴上，扇形永磁体圆心为 O_1，内径标识为 R_2，外径标识为 R_1。偏心圆弧的圆心（在图 3-21 中用 O_2 表示）坐标是 $(x, 0)$，其半径标识为 R_3，R_3 与 x、R_4 的关系在后续章节中将详细讨论。由于每个参数会影响磁扭矩-

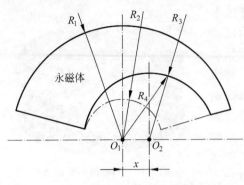

图 3-21 偏心圆弧切割扇形永磁体的方案

相对转角特性曲线的形状，为了便于研究，固定硅钢片、永磁体的厚度、外径、内径以及的扇形角等参数，仅选择 x 和 R_3 进行变化研究磁扭矩-相对转角特性曲线。圆弧本身是二次曲线，永磁体的右下部分被切去后，永磁体的剩余部分在径向上的尺寸-圆心角的曲线为二次曲线规律，因而具有获得平稳的磁扭矩-相对转角特性的可能性。

设置 x 值为 14、15、16、17、18mm，异形永磁体偏心圆弧的半径分别选为 37、38、39、40、41mm，如表 3-2 所示。选择这五个 x 值和偏心圆弧值，建立三维模型后通过仿真计算获得的磁扭矩-相对转角特性曲线如图 3-22 所示。可以看出这 5 条曲线均具有单调性，分别为单调增和单调减，这显示参数的选择已经覆盖了一个最优参数值组。当 $x=15$ 时特性曲线最平滑。$x=15$ 时的特性曲线具有凸函数属性，为进一步优化奠定了基础。

表 3-2 永磁体的切割参数

序　号	偏心圆弧圆心的横坐标 x/mm	偏心圆弧的半径 R_3/mm
1	14	37
2	15	38
3	16	39
4	17	40
5	18	41

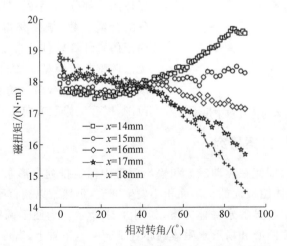

图 3-22 不同 x 值时的磁扭矩-相对转角特性曲线

　　由仿真计算可以看出,一个最优的偏心圆弧可以获得平稳磁扭矩-相对转角特性的参数组可能存在于 $x=15$、$R_3=38$ 附近。这里选择的是圆弧,那么肯定还有其他曲线具有与偏心圆弧同样的功能,例如阿基米德螺线等。由于其他曲线需要调整更多的参数,在达到研究目标时需要投入更多的工作。为更快证明具有偏心圆弧的异形永磁体能实现平稳的磁扭矩-相对转角特性,本研究优先选取偏心圆弧方案,后续通过研究论证该方案的可行性。

3.4　永磁体相互作用临界位置的研究

　　前面的研究提及了永磁体磁极面正对面积发生突变时将影响永磁体之间力的方向和大小,为进一步清晰说明这个问题,特别是力的方向问题,将进行永磁体相互作用临界位置的研究。基于这个目的建立图 3-23 所示的仿真模型。设置两块充磁方向均向上的正方形永磁体,永磁体尺寸为 $20\mathrm{mm}\times20\mathrm{mm}\times8\mathrm{mm}$,且它们均按 N 磁极朝上排列,设置朝上为 z 轴方向,两块永磁体在 z 轴方向位置差为 $2\mathrm{mm}$,即两块永磁体正对时具有 $2\mathrm{mm}$ 的气隙,x 轴方向坐标差 $20\mathrm{mm}$,y 轴方向坐标位置是一致的。由平常生活经验会认为图 3-23 所示的两块永磁体相互之间具有吸引力,但实际情况要比这个复杂很多。前面提出并讨论的三个方案的仿真结果、试验结果与设想均有一定差距,因而期望用图 3-23 的模型能找到前面讨论忽略的因素,找出磁扭矩值发生突变的原因。为方便探寻图 3-23 所示两块永磁体之间磁力的变化规律,固定左上永磁体的位置,设定右下永磁体沿 $-x$ 方向低速运动 $40\mathrm{mm}$,通过仿真观察 x、y、z 轴方向的永磁力-x 轴坐标特性曲线。

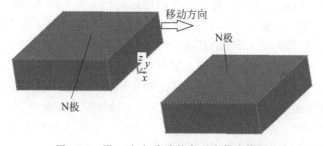

图 3-23　沿 x 方向移动的永磁力仿真模型

　　三个方向永磁力-x 轴坐标特性如图 3-24 所示。尽管两块永磁体的同名磁极均朝上,但两块永磁体起始错开一段距离,再逐渐靠近,x 方向永磁力在开始时是排斥力,随两块永磁体距离缩小,特定位置的排斥力减小为零,而后随距离进一步缩小变为吸引力,且吸引力随距离减小而增大。在两块永磁体磁极面处于正对位置时,吸引力接近最大值,在右下永磁体移动一段距离范围内吸引力的变化量较小,而后随距离的增大吸引力变小,经过一个特定的位置后,吸引力转变为排斥力。可见根据生活经验认为的吸引力,在 x 方向是先排斥、后吸引、再排斥。x 方向的永磁力影响了机构的磁扭矩-相对转角特性,当磁极面正对面积越过特定位置时,磁扭矩的方向会发生改变,因而方案三:具有偏心圆弧结构的异形永磁体方案,由于没有磁力方向发生变化的位置,在这里被证明具有合理性。z 方向永磁力开始时为吸引力,随右下永磁体移动吸引力逐渐增大,而后快速变化为排斥力,在一特定位置 z 向力的幅值为零。z 方向的力将引起磁盘架的变形,进而影响两个磁盘永磁体之间气隙的尺寸,最终影响了磁扭矩-相对转角特性,也是实测值与仿真值有差异的一个因素。两块永磁体之间在 y 方向上的永磁力很小且变化小。

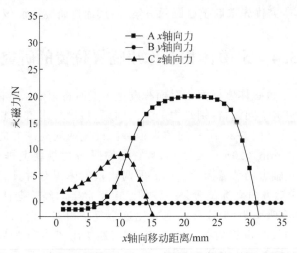

图 3-24 永磁体间的磁场力 x、y 和 z 轴向力对应 x 轴向距离的特性

由上述分析可知,x 和 z 两个方向上的临界位置即为磁场力-相对位置特性的幅值为零处,这与永磁体的尺寸、剩余磁感应强度和气隙的厚度均有关系。考虑两个方形永磁体的 x 方向力的变化情况,重点分析 x 方向的永磁力-x 轴坐标的两个临界位置,考察永磁体周围的剩余磁感应强度的云图和磁力线的情况(如图 3-25 和图 3-26 所示),同时也给出了两个方形永磁体正对位置的永磁体表面的剩余磁感应强度的云图和磁力线的情况(如图 3-27 所示)。由图 3-25 和图 3-26 可知,在两个临界位置永磁体均有一部分磁极面正对,在这两个位置时右上的永磁体表磁也不一样。从图 3-27 的正对位置可以看出,右上永磁体的表面磁通量密度分布基本对称,基于上述分析提出以下假设:永磁体的正对面积及正对面积变化规律是影响永磁体的磁扭矩-相对转角特性的关键。

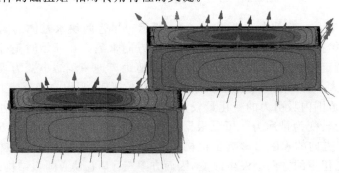

图 3-25 对应位置为 13 的表磁分布和磁力线

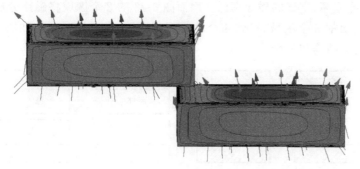

图 3-26　对应位置为 47 的表磁分布和磁力线

　　由于所用电磁场仿真软件只能导入几何模型,该几何模型不能参数化,即不能自动改变几何模型的参数,软件也没有仿真计算结果直接对几何模型参数进行优化的功能。如果用数学模型和软件结合起来优化,解决这个问题可以大大缩短尝试的时间。因而根据上述仿真计算磁场力的结果,结合毕奥-萨伐尔定律和安培环路定律,重点考虑上述研究得到的多个临界位置,推导出等效面积的计算公式,从而能方便地对模型进行优化,获得需要的磁扭矩-相对转角特性。根据上述仿真计算可知正对磁极面积非常重要,永磁体厚度也对

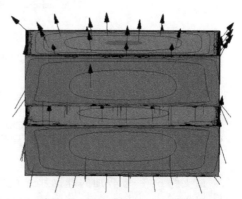

图 3-27　正对位置时的表磁分布和磁力线

计算结果有影响,但永磁体厚度变化不大,对计算结果影响的权重较低,因而直接研究正对磁极面积,即等效面积。

　　划分等效面积的初步方法如下:依据以上两块永磁体的磁力-x 轴坐标仿真特性结果,

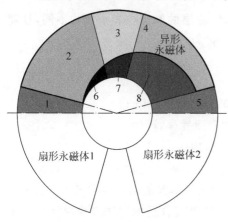

图 3-28　永磁滑差离合器磁路部分的细分图

以驱动磁盘和输出磁盘中永磁体的边界为依据,切分对方为不同的区域。为更简洁表示等效面积,只画出一个异形永磁体(如图 3-28 所示),驱动磁盘和输出磁盘的一半磁路划分为 8 个磁支路,整体共 16 个磁支路,两组 8 个磁支路呈中心对称。由于异形永磁体对于圆心为中心对称结构,所以计算一半结构的数据,之后加倍即为整体的磁扭矩。按图 3-28 所示的 8 个磁支路两端叠加的硅钢片、驱动磁盘上的扇形永磁体和输出磁盘上的异形永磁体及它们相互之间的空气层,8 个磁支路组成各不相同。永磁体、硅钢片和气隙组成了磁路,永磁体提供磁动

势,硅钢片的磁导率高,空气的磁导率低。因而图 3-28 的 8 个区域将磁路分成 8 个支路,用通过轴线的平面切割 8 个区域,得到 4 个截面图,显示 8 个支路的结构如图 3-29 所示。具体各个支路的组成结构如下所述。

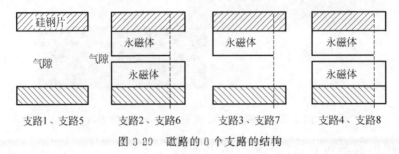

支路1、支路5　　　支路2、支路6　　　支路3、支路7　　　支路4、支路8

图 3-29　磁路的 8 个支路的结构

磁支路 1:一端叠加的硅钢片→厚度为 22mm 的气隙→另一端叠加的硅钢片;

磁支路 2:一端叠加的硅钢片→异形永磁体→厚度为 2mm 的气隙→扇形永磁体→另一端叠加的硅钢片(虚线左侧);

磁支路 3:一端叠加的硅钢片→异形永磁体→厚度为 12mm 的气隙→另一端叠加的硅钢片(虚线左侧);

磁支路 4:一端叠加的硅钢片→异形永磁体→厚度为 2mm 的气隙→扇形永磁体→另一端叠加的硅钢片(虚线左侧);

磁支路 5:一端叠加的硅钢片→厚度为 22mm 的气隙→另一端叠加的硅钢片;

磁支路 6:一端叠加的硅钢片→厚度为 12mm 的气隙→扇形永磁体→另一端叠加的硅钢片(虚线右侧);

磁支路 7:一端叠加的硅钢片→厚度为 12mm 的气隙→另一端叠加的硅钢片(虚线右侧);

磁支路 8:一端叠加的硅钢片→厚度为 12mm 的气隙→扇形永磁体→另一端叠加的硅钢片(虚线右侧)。

由于 8 个磁支路的永磁体侧面积、永磁体的个数、气隙层的侧面积和个数均不同,且随相对转角的变化而变化,但磁支路的磁阻 R_m 的计算公式为

$$R_m = \sum \frac{l_i}{\mu_i A_i} \tag{3-12}$$

式中:l_i——第 i 个支路中气隙的厚度和涉及硅钢片的磁路长度,mm;

μ_i——第 i 个支路中气隙、永磁体和硅钢片的相对磁导率,H/m;

A_i——第 i 个支路中气隙、永磁体和硅钢片的截面积,mm²。

虽然比较直观地划分了 8 个支路,但在各个支路中,由于磁感应密度并不均匀,并且由于磁路磁阻的变化,使得永磁体的工作点变化,磁路中的永磁体释放出来的磁场的磁通量密度也在变化,因而试图通过解析式求解将非常困难。需要研究合适的方法来快速计算设定参数的磁扭矩-相对转角特性。

综上所述,通过对扇形稀疏对称排列永磁体方案、扇形永磁体叠加方案和具有偏心圆弧结构的异形永磁体方案三种方案的研究,发现第一种方案虽然能获得平稳的磁扭矩,但由于有正反磁扭矩抵消、无硅钢片使得磁路磁阻大、磁扭矩平均值较小等问题,因此该方案有较大缺陷,其动磁盘的往复运动对控制系统的要求亦非常高,限制了最大相对转速。第二种方案通过永磁体叠加的方法,以获得平稳的磁扭矩,但该方案选用的每块永磁体在其边界处均有突变,通过叠加的方法仅能减小突变的值,无法消除这种波动因素,较难确保磁扭矩的平稳。第三种方案设计了偏心圆弧,通过尝试,能够获得平稳的磁扭矩。因而最终选择第三种方案作为本书研究的重点。这三种方案均为间隙驱动输出磁盘,需要专门的间隙驱动控制系统以实现磁扭矩的平稳输出。

3.5　间隙驱动控制系统设计

由前述讨论可知,永磁滑差传动机构输出磁盘的工作可以分为两段,交替驱动输出磁盘获得的输出扭矩平稳。第一时段驱动磁盘柔性接受发动机输入动力,通过永磁场力传递给输出磁盘,驱动磁盘的转速超过输出磁盘。第二时段驱动磁盘减速以释放自身动能,输出磁盘和驱动磁盘之间的扭矩方向不变,由牛顿第三定律可知,虽然驱动磁盘转速低于输出磁盘,但仍然能将能量传给输出磁盘,动量守恒定理也能解释这个问题,发动机输出能量不再直接给予驱动磁盘,而是通过一个机构存储起来。永磁滑差传动机构工作于换挡时间段,其扭矩为正常传动时的 1/10 左右,完成不中断动力换挡即可,通过发动机调节能大幅降低此时传递的功率,也使得本机构的实现难度大幅下降,提出了变惯量飞轮用于实现该目的。

3.5.1　系统结构设计

发动机转速较高使得惯性力较大,快速精确操控变惯量飞轮是一个大问题,针对该问题,提出了螺线槽结构操控质量块的方案。变惯量飞轮的可移动质量块在高速旋转时产生很大的离心力,例如一个 0.5kg 的可移动质量块,工作半径为 100mm,转速 ω 为 6000r/min,一般轿车发动机的最高转速都能达到该转速,由离心力计算公式计算的离心力约为 19719.2N,如一个变惯量飞轮具有 8 个质量块,则很难提供操纵力。而利用螺线槽结构控制可移动质量块时,螺线槽承担绝大部分离心力,通过可移动质量块对称布置能平衡这部分离心力,最终使得操纵控制力降低为最大离心力的 5% 以下,再分组控制这些可移动质量块,即可解决操纵力较大的问题。下面通过对该机构的力学分析,验证方案的可行性。螺线形状见图 3-30,其极坐标方程如

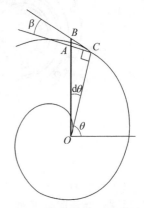

图 3-30　螺线的切线与径线垂直线夹角

式(3-13)所示。

$$r = a\theta \tag{3-13}$$

式中：a——旋线系数，mm/°；

$\quad\quad\theta$——极角，°。

图 3-30 中，C 为螺线上的一点，BC 线为螺线在该点的切线，AC 为径线 OC 的垂直线，AC 和 BC 之间的夹角为 β，离心力分解为操纵控制力和螺线槽承担的正压力的比例和 β 角有直接的关系。因而 β 角和 θ 角之间的关系就非常重要。设 OC 转过一个很小的角度 $d\theta$ 到 OB 的位置，则 BC 的长度由式(3-14)得出

$$BC = a(\theta + d\theta) - a\theta = a\,d\theta \tag{3-14}$$

由于 $d\theta$ 很小，可以认为 AB 垂直 BC，则 AB 的长度由式(3-15)得出

$$AB = a\theta\,d\theta \tag{3-15}$$

则 β 角的推导公式为

$$\beta = \arctan\frac{BC}{AB} = \arctan\frac{1}{\theta} \tag{3-16}$$

式(3-16)和参考文献[69]中的公式换算后结果一致。

推导出 β 角和 θ 角之间的关系后，绘制出 β-θ 关系曲线，从中选择合适的螺线槽段。根据式(3-16)可知，当 θ 大于 8π 时，β 数值和变化幅度均较小，所以应选取 θ 角大于 8π 的槽线段，此时 β 小于 3°，其正弦函数值小于 0.052，根据受力分析可知操纵力已经可以小于离心力的 5%。可移动质量块在螺线槽中的位置和受力分析如图 3-31 所示。F 为离心力，F_1 为螺线槽承担的力，F_2 为操纵控制力，可以看出

$$F_2 = F\sin\beta \tag{3-17}$$

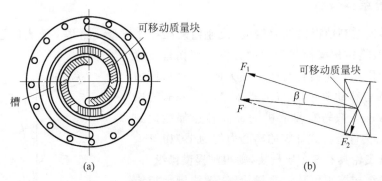

图 3-31　高速变惯量飞轮

(a) 结构简图；(b) 受力分析

当最大离心力为 19712.2N 时，最大操纵控制力为 985.9N，使用一根细钢丝绳即能解决控制问题。高速时变惯量飞轮的可移动质量块的位置半径增大则能吸收能量，并且螺线槽对可移动质量块的摩擦力能抵消一部分可移动质量块离心力的切向分量，钢丝绳拉力较

小。在变惯量飞轮释放能量时,变惯量飞轮处于中高速或中速,可移动质量块位置半径减小,钢丝绳将可移动质量块拉向圆心,由于此时转速下降,钢丝绳的拉力也不会超过最大值。该方案为高速变惯量飞轮的结构设计提供了一种可能的途径。变惯量飞轮可以用于永磁滑差传动机构,在永磁滑差传动机构工作于滑差模式时,通过变惯量飞轮吞吐能量,解决发动机和驱动磁盘之间的控制问题。

3.5.2 力学性能分析

变惯量飞轮三维模型如图 3-32 所示,包括前螺线槽控制盘、大半径可移动质量块、飞轮基体、后螺线槽控制盘、轴和小半径可移动质量块。安装于飞轮基体直槽中的 4 对可移动质量块,在飞轮基体的两侧装有前、后螺线槽盘,前、后螺线槽盘的螺线槽和可移动质量块上的轴配合。每次转动螺线槽盘只操纵一对可移动质量块,此时可移动质量块的运动为沿飞轮基体直槽运动和前、后螺线槽盘中的螺线运动的复合运动,当可移动质量块半径增大时,系统转动惯量变大吸收能量;当可移动质量块半径变小时,系统释放能量。飞轮基体连接输出轴,操纵控制扭矩施加于螺线槽盘,系统动力参数如下:

$$x_i = \sqrt{\frac{J_{i\max}}{J_{i\min}}} \tag{3-18}$$

$$\begin{cases} J = J_{\text{slot}} + J_{\text{spiral}} + J_{\text{mass}} \\ X = (k_1 \quad k_2 \quad k_3 \quad k_4) \\ J_{\text{mass\_1}} = \begin{pmatrix} J_{1\max} & 0 & 0 & 0 \\ 0 & J_{2\max} & 0 & 0 \\ 0 & 0 & J_{3\max} & 0 \\ 0 & 0 & 0 & J_{4\max} \end{pmatrix} \\ J_{\text{mass}} = X J_{\text{mass\_1}} X' \end{cases} \tag{3-19}$$

式中: J ——飞轮的转动惯量,kg·m^2;

J_{slot} ——槽盘的转动惯量,kg·m^2;

J_{spiral} ——螺线盘的转动惯量,kg·m^2;

J_{mass} ——可移动质量块的转动惯量,kg·m^2;

$J_{i\max}$ ——第 i 对质量块的转动惯量,$i=1,2,3,4$,kg·m^2;

X ——质量块转动惯量状态系数矩阵,其中系数 k_i 为 x_i 或为 1,根据各对质量块的位置而定;

$J_{\text{mass\_1}}$ ——4 个可移动质量块具有最大转动惯量的矩阵。

则系统的动力学方程为

$$T_{out} - T_{in} = (J_{slot} + J_{spiral} + J_{mass}X)\alpha \tag{3-20}$$

式中，α 为角加速度。

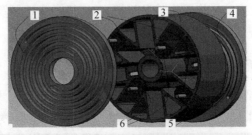

1—前螺线槽控制盘；2—旋转半径最大可移动质量块；3—飞轮基体；
4—后螺线槽控制盘；5—轴；6—旋转半径最小可移动质量块

图 3-32　变惯量飞轮的三维图

3.5.3　计算实例

飞轮直槽盘和螺线槽盘的实物照片如图 3-33 所示，实物的转动惯量如表 3-3 所示。

表 3-3　各个元件的转动惯量

$J_{slot}/(\text{kg} \cdot \text{m}^2)$	$J_{spiral}/(\text{kg} \cdot \text{m}^2)$	$J_{mass\_max}/(\text{kg} \cdot \text{m}^2)$	$J_{mass\_min}/(\text{kg} \cdot \text{m}^2)$
0.0282	0.0203	0.0178	0.0089

表 3-3 中 J_{mass_max} 和 J_{mass_min} 为一对转动惯量，飞轮系统的最大转动惯量为 $0.12\text{kg} \cdot \text{m}^2$，则当两对可移动质量块处于最大直径处，一对处于最小直径处，一对从半径最大处沿直槽盘的直槽匀速向内运动时，运行时间为 2s，其能量变化和扭矩变化如图 3-34 所示。扭矩为上述公式左端的两个扭矩的代数和。

图 3-33　飞轮直槽盘和螺线槽盘实物照片

由上述研究知道，该变惯量飞轮在高转速时通过施加小控制扭矩即能实现转动惯量的快速变化，用于永磁滑差传动机构能实现驱动磁盘高频吞吐能量，平稳连续吸收发动机的输入功率，间隙驱动输出磁盘，实现平稳输出磁扭矩。

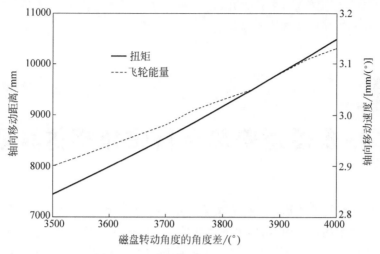

图 3-34　飞轮能量、扭矩和转速的关系

3.6　本 章 小 结

　　本章为了解决永磁滑差传动机构的平稳磁扭矩-相对转角特性问题,设计并分析了稀疏对称排列永磁体、驱动磁盘扇形永磁体叠加和具有偏心圆弧结构的异形永磁体等三种驱动磁盘和输出磁盘方案,通过优化永磁体结构参数,考量平稳磁扭矩-相对转角特性,对比三种方案后确立采用具有偏心圆弧结构的异形永磁体方案进行后续研究。通过对永磁体相互作用临界位置的研究,更清晰解释了磁扭矩突变问题,提出了等效面积的方法,为后续优化具有偏心圆弧结构的异形永磁体方案提供了一个解决途径。

第4章

永磁滑差离合器磁扭矩仿真研究

具有偏心圆弧结构的异形永磁体方案采用扇形永磁体和异形永磁体组合,在驱动磁盘和输出磁盘相对转角的范围内,扇形永磁体和异形永磁体的正对面积不会发生突变,因而永磁滑差传动机构的输出扭矩不会发生突变,由此该方案可获得平稳的磁扭矩-相对转角特性。但还有很多问题没有解决,例如给定了输出扭矩的平均值后,扇形永磁体和异形永磁体的结构参数如何确定? 因为磁扭矩-相对转角特性的影响因素很多,且在工作于滑差传动模式时驱动磁盘与输出磁盘的位置发生变化,细分磁路的参数将大幅变化,表现出不同的磁扭矩-相对转角特性。为更清晰展示磁扭矩-相对转角特性与永磁滑差传动机构结构及其参数的关系,还需要对其进行深入研究。由于驱动磁盘与输出磁盘相对位置变化使得解析计算很复杂,如果加上输出磁盘和驱动磁盘的结构变化,则使得解析计算更复杂,因而需使用电磁场仿真计算软件 MagNet 解决计算问题。为获得一种简易实现的方案,特选择改变偏心圆弧的圆心坐标和半径两个参数进行研究,结合不同的气隙尺寸、导磁铁心材料及扇形永磁体尺寸等参数,给出不同的仿真计算模型,以获得一组或多组高扭矩密度的永磁滑差传动机构参数。

4.1 仿真模型参数的研究

为避免出现周向临界位置,多次试验后选定驱动磁盘和输出磁盘上的永磁体的圆心角为 $150°$,永磁体之间的夹角为 $30°$,这样驱动磁盘和输出磁盘在相对转动时,在永磁体之间周向具有一定的重合度,不会出现永磁体磁极正对面积突变的情况。为降低磁扭矩的波动,输出磁盘上的异形永磁体具有偏心圆弧的结构。基于以上的设定条件建立模型并进行仿真研究。

扇形永磁体呈周向对称侧面贴合安装于驱动磁盘上,在扇形永磁体背面为硅钢材料,固定扇形永磁体周边的磁盘架材料为铝合金等导磁能力差的材料,磁盘架和硅钢材料固定安装。异形永磁体呈中心对称安装于输出磁盘上,在异形永磁体背面为硅钢材料,固定异形永磁体周边的磁盘架材料也为铝合金等导磁能力差的材料。所述的"背面"为两块永磁体正对气隙的相反面,这个背面贴合安装硅钢材料,能降低磁路磁阻。永磁体安装情况如图 4-1 所示,图中所示相对位置为驱动磁盘和输出磁盘初始的相对位置,异形永磁体相对于扇形永磁体以逆时针方向最大可转动 90°,两者之间的磁极正对面积不发生突变。在工作于联轴器传动模式时,驱动磁盘和输出磁盘处于初始相对位置,工作于滑差传动工作模式时,驱动磁盘和输出磁盘在初始相对位置与 90°之间往复转动。图 4-1 所示的各个角度分别为:$\theta_1 = 150°$,$\theta_2 = 150°$,$\theta_3 = 30°$,$\theta_4 = 30°$,$\theta_5 = 15°$,$\theta_6 = 45°$。

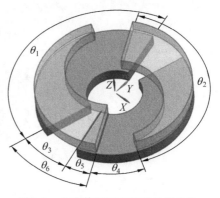

图 4-1 永磁体相互之间的位置参数

本永磁滑差传动机构的磁路为永磁磁路,与电磁场有较大的差别。例如在磁极面的磁场由永磁体本身主导,当然也受到磁路的影响。且随着驱动磁盘和输出磁盘相对位置的变化,磁路参数也发生相当大的变化,使得磁路计算工作量非常大。为快速对设计的三维永磁模型进行仿真计算,通过合适的规则选取恰当的参数组合,获得不同参数模型的磁扭矩-相对转角特性,因此选定使用 MagNet 软件搭建仿真模型,研究确定硅钢片厚度和气隙厚度两个结构参数。

4.1.1 永磁体间最小气隙的确定

永磁滑差传动机构磁路主要有永磁体、硅钢片材质铁心和气隙,其中永磁体本身磁导率低,为获得气隙处较强的磁场,则需要较厚的永磁体,因此选定永磁体厚度进行后续研究。

用于仿真的三维模型如图 4-2 所示,为清晰表达内部的永磁体位置,将硅钢片磁盘架做了透明化处理。工作气隙为两块异形永磁体下表面与扇形永磁体上表面所在平面之间的区域,建立仿真模型时将其设计为一圆盘状,初步设置高度为 2mm,即为工作气隙的厚度。设置这个厚度的原因是气隙小则空气段磁阻小,对于提高平均磁扭矩很有利,但由于磁盘架的变形使得驱动磁盘和输出磁盘会产生摩擦。在试验和理论讨论中发现,气隙厚度变化对永磁体间的磁场力影响很大,主要是气隙磁阻占整个磁路磁阻的份额大,从减少价格较高的永磁材料用量方面考虑,同样要求气隙尺寸尽量小。但气隙低于某一值时,不仅磁盘骨架会变形,轴承间隙、磁盘之间的磁力分布状况和方向也发生改变,因此气隙局部厚度变化对获得平稳的磁扭矩-相对转角特性不利。综合考虑磁盘变形和低磁阻,设定该气隙厚度为 2mm。显然通过磁盘骨架结构的优化设计和选定合适的导磁材料,能将该气隙厚度降至 1mm 以下,在同等条件下则能显著提高平均磁扭矩。设定空气包外径为 1800mm,对比永磁体外径 130mm,气隙层外径取较大尺寸虽然增大了软件占用的内存资源,但仿真模型和真实情况更接近,能提高仿真计算精度。

驱动磁盘和输出磁盘永磁体之间气隙厚度设定为 1、2、4mm,仿真计算以考察气隙厚度-磁力-磁扭矩特性。Z 轴方向的磁场力关系到驱动磁盘和输出磁盘之间的轴向力,这个

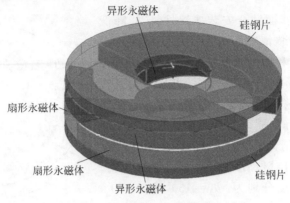

图 4-2　永磁体间的最小气隙

力使得磁盘架变形,影响气隙的大小,其仿真计算结果如图 4-3 所示。可以看出 Z 轴方向的磁场力与相对转角基本呈线性关系,同时也可以验证第 3 章提出的偏心圆弧方案的研究方向可行,这种线性关系表示磁场力不发生突变。在相对转角为 0° 时三种厚度气隙的轴向磁力基本相同,随相对转角的增大而三种厚度气隙的轴向磁力的差距越来越大。由于形成扭矩方向的力一直在变化,难以单独提取,故而研究 3 个方向的磁合力,如图 4-4 所示的仿真结果。磁合力在相对转角为 [0°,20°] 时,三种厚度气隙的磁合力大小接近,在相对转角超过 20° 后,磁合力随相对转角的增大而增大,但三种厚度气隙的磁合力间的差值较小。图 4-5 显示的是不同气隙对应的磁扭矩-相对转角特性,可以看出通过减小气隙能增大磁扭矩,三种厚度气隙的规律相似。在相对转角为 [0°,10°] 时,磁扭矩均减小,在相对转角为 [10°,80°] 时,磁扭矩均增大,在相对转角为 [80°,90°] 时,磁扭矩均下降。可见气隙厚度对各个方向的磁力大小有影响,气隙厚度越小磁合力越大,且磁合力-相对转角基本呈线性关系。由此可知气隙对于磁场力大小的影响很大,如果能将气隙厚度降低到 0.5mm,则在同等条件下,显然能获得更大的磁扭矩平均值。

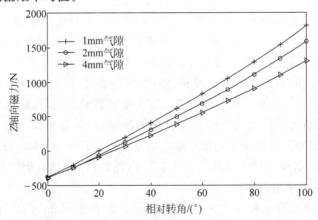

图 4-3　不同气隙时的轴向磁力-相对转角特性

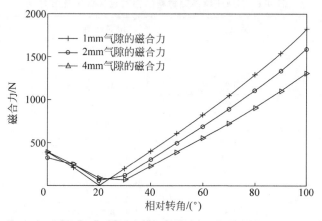

图 4-4　不同气隙时的磁合力-相对转角特性

那小气隙是否会使得永磁体存在退磁风险呢？为讨论这个问题，对该机构进行了退磁预测和退磁裕量的分析，MagNet 软件具有这项功能。永磁体的抗退磁性能用矫顽力（H_c）表示，牌号为 N38H 的钕铁硼材料在不同温度下的特性参数如表 4-1 所示，其中温度是钕铁硼永磁体非常重要的一个性能参数，普通的钕铁硼永磁体工作温度只有 80℃，耐高温的钕铁硼材质的工作温度目前也低于 300℃。相对磁导率表示永磁体本身的导磁能力，驱动磁盘和输出磁盘中互相磁极面正对的永磁体，在发生磁路作用的同时，还有一个导磁能力的问题无法回避，即互为对方磁路中的大磁阻。可以看到随着温度变化相对磁导率变化不大，均接近于相对磁导率为 1 的状况，如此大的磁阻使得永磁体的工作点恶化，增加了退磁风险，也是需要进行退磁分析的原因。H_c 被制造商标注为正值，但在退磁曲线上它位于第二象限，因此理论分析时需在其前面加负号。

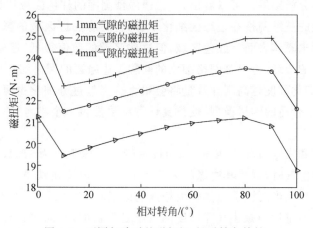

图 4-5　不同气隙时的磁扭矩-相对转角特性

表 4-1　N38H 钕铁硼材料的相对磁导率和矫顽力

序号	温度/℃	相对磁导率	矫顽力 H_c/(MA/m)
1	−40	1.03602356	−1.019
2	20	1.036537898	−0.950
3	60	1.037207453	−0.904
4	80	1.037773441	−0.880
5	100	1.038653464	−0.857
6	120	1.040202033	−0.833
7	150	1.044692727	−0.795
8	180	1.049725338	−0.758
9	200	1.054789579	−0.732
10	220	1.064514253	−0.703

为对比三种不同厚度气隙的退磁情况,固定输出磁盘和驱动磁盘中永磁体的结构参数和硅钢片结构参数不变,仅改变气隙厚度,设置气隙厚度为 1、2、4mm,分别进行退磁预测分析和退磁裕量分析。退磁裕量的计算公式为

$$B_{\text{yuliang}} = B_{\text{demag}} - B\boldsymbol{M}/M \tag{4-1}$$

式中:B_{demag}——退磁值,T;

　　　　B——永磁体总磁感应强度,T;

　　　　$\boldsymbol{M}$——永磁体励磁矢量;

　　　　M——永磁体励磁标量。

矫顽力单位是奥斯特(Oe)(高斯单位制)或安/米(A/m)(国际标准制),它们之间的关系为 1A/m=79.6Oe,1A/m=$4\pi \times 10^{-7}$T。图 4-6～图 4-8 分别为气隙 1、2、4mm 时的退磁预测和退磁裕量的分析结果。可以看出,三张退磁预测图的红色区域均为永磁体边缘,显然这是由于仿真模型的三维网格在边缘区细化不够,且边缘邻近区域的颜色代表没有退磁风险。退磁裕量显示永磁体表面有红色区域,但这些区域的数值很低,退磁风险小,退磁风险主要还是在永磁体的边缘,这也是网格细化的问题。边缘区的网格细化程度越高,则计算精度也可以提高,但细化程度越高则计算量将会很大。当然过分细化也可能使仿真计算不能收敛,因此应取一个合适的网格模型,使仿真计算结果提供一个参考,再结合实际经验进行判断。

仿真计算结果和实际情况也相符,例如钕铁硼永磁体牌号为 38H,其剩余磁感应强度约为 1.2T,周围为空气时,测得其边缘的表磁为 0.35T,放置在铁质材料上面,其上表面的表磁约为 0.45T。显然当两块永磁体磁极相反的面正对,之间距离一定的气隙时,则基本没有退磁风险。所以通过适当减小气隙厚度的措施是可行的,在同等条件下能获得较大的磁扭矩平均值。如果能进一步提高磁盘架加工精度和刚度,选用小间隙轴承,就能提高磁扭矩平均值。气隙变大虽然能降低退磁风险,但降低了磁扭矩平均值,降低了磁传动机构的磁扭

矩密度,增大了该机构的体积和制作成本,所以气隙不能太大。综合以上因素考虑,最后选取气隙厚度为 2mm,当然以后需要进一步降低气隙的厚度。

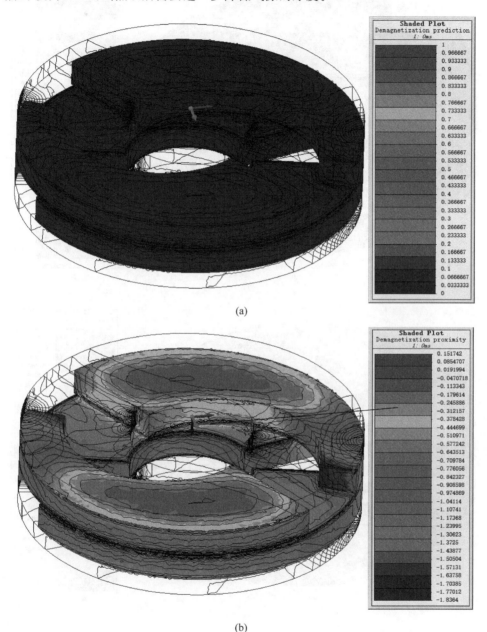

彩图 4-6

(a)

(b)

图 4-6　1mm 气隙的退磁预测分析和退磁裕量分析

(a) 退磁预测;(b) 退磁裕量分析

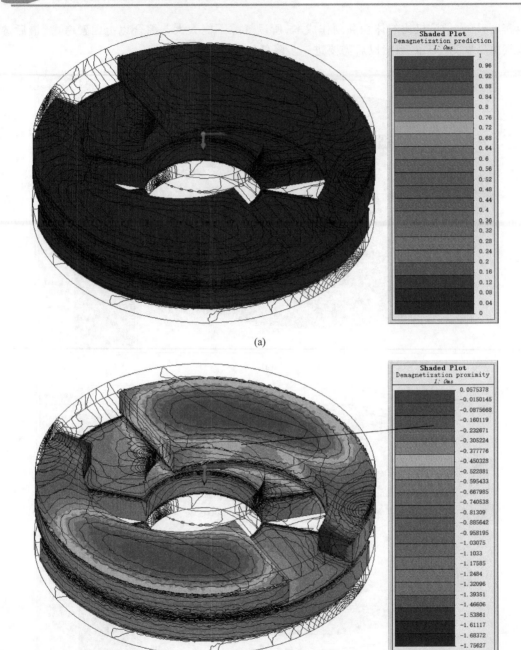

(a)

(b)

图 4-7　2mm 气隙的退磁预测分析和退磁裕量分析

（a）退磁预测；（b）退磁裕量分析

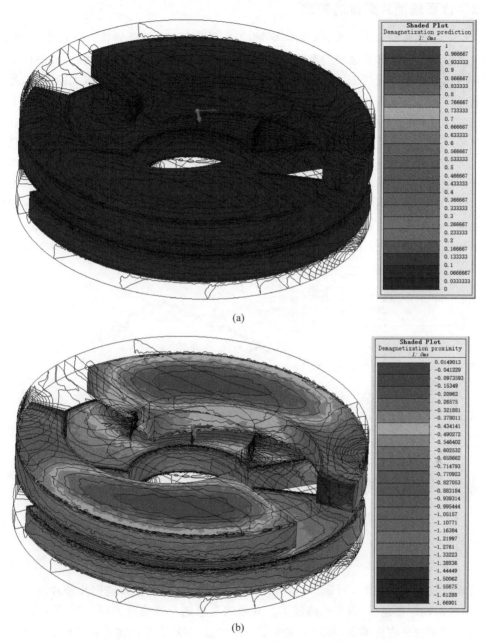

彩图 4-8

(a)

(b)

图 4-8　4mm 气隙的退磁预测分析和退磁裕量分析

(a) 退磁预测；(b) 退磁裕量分析

4.1.2 背面硅钢片厚度的确定

扇形永磁体和异形永磁体背面对应区域的硅钢片铁心中的磁通量变化较小,这是由于磁路中磁阻变化对这部分区域的影响较小。处于两块扇形永磁体之间区域的硅钢片虽然和异形永磁体磁极面之间的距离较大,但面对的异形永磁体表面积发生了很大的变化,且由于扇形永磁体和异形永磁体的磁场叠加作用,使得该区域的磁通量密度变化较大。处于两块异形永磁体之间区域的硅钢片也存在相同的条件,因而该区域的磁通量密度变化也较大。当然较厚尺寸的硅钢片能减小磁路的磁阻,但有可能得到的磁扭矩-相对转角特性不是需要的。在多次初步仿真计算时发现,当硅钢片厚度超过一定尺寸后,该机构的磁扭矩-相对转角特性不能获得凸函数规律,即相对转角范围为「0°,90°」时,对应的磁扭矩不能单调上升或单调下降。因此设定硅钢片厚度为 5、6、7、8、10mm 进行仿真计算,获得的磁扭矩-相对转角特性如图 4-9 所示。需要说明的是,根据前面的研究结果,仿真模型设定的是 10mm 厚扇形永磁体和异形永磁体,2mm 厚气隙,偏心圆弧偏心距为 14mm,偏心圆弧半径为 29mm。

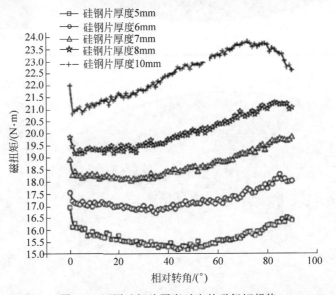

图 4-9   不同硅钢片厚度对应的磁扭矩规律

仿真计算结果如图 4-9 所示,可以看出磁扭矩平均值的大小和硅钢片叠片厚度是正相关的,即硅钢片厚度越大,则平均值越大。其原因是硅钢片厚度越大则磁路磁阻小,直接使得气隙处的磁通量密度增高,同时也减少了磁路的漏磁量,在永磁体形状结构参数不变时可获得更大的磁扭矩平均值。需要解释的是该磁路存在较大的漏磁,该研究结果也是后续降低漏磁量研究的依据之一,选取大叠片厚度硅钢片的方案,可以显著降低漏磁而提高磁扭矩平均值。观察叠片厚度为 10mm 的曲线,发现相对转角范围为 0°~75°的磁扭矩单调上升,而 75°～90°转角范围的磁扭矩快速下降,这显然不利于机构传动扭矩的平稳性要求。而对于硅钢片叠片厚度为 6mm 的特性曲线,由于磁路的漏磁量过大,其磁扭矩平均值较小,机构的功率密度低。硅钢片厚度为 6mm 时,在 0°～85°相对转角范围内机构具有平稳磁扭矩,相对转角范围较硅钢片厚度为 10mm 时增加了 10°,这有利于扩大机构的最大相对转速。而硅钢片叠片厚度为 5mm 时,不仅磁扭矩平均值较小,更大的不足是对应 0°～90°的相对转角范围内磁扭矩先降后升,不再是单调性规律,显然应该舍弃该方案。综合磁扭矩平均值和平稳磁扭矩对应的相对转角范围这两个因素,选择硅钢片叠片厚度为 7mm 的方案继续进行优化。由于硅钢片的厚度是有规格限制的,因此其厚度不能设置为连续变化,需要将硅钢片的厚度规格作为约束条件,后续再优化硅钢片的叠片厚度尺寸。这里需要说明的是,由于相对转速较低,硅钢片中的磁通量变化速度并不高,在成本敏感场合可以采用电工纯铁进行制作。而在有较高性能要求时,可将硅钢片由圆片状叠加方案改为窄带状卷绕而成,此时具有更小的铁损。

4.1.3　铁心中的磁通量密度分布研究

从退磁分析可知叠装硅钢片中的磁通量密度变化非常大,有的区域有磁通量密度磁饱和危险,而有的地方磁通量密度却很低。从轻量化角度看,在低磁通量密度区域则可以减少铁心材料的用量。但对于磁饱和区域的地方需要加大铁心尺寸以减少铁心发热量。因而需要再分析机构各个区域的磁通量密度分布情况。选择硅钢片叠厚分别为 7mm 和 10mm 进行仿真分析,它们表面的磁通量分布如图 4-10 所示,由于不同相对转角处的表磁分布情况不一样,特选择相对转角为 0°和 90°进行分析。在相对转角为 0°时,7mm 叠厚硅钢片的机构最大磁通量密度为 1.656T,而 10mm 叠厚硅钢片的则为 1.629T,可见在相对转角为 0°时,硅钢片叠厚对最大磁通量密度的影响不大,即不存在磁饱和区域。在相对转角为 90°时,7mm 叠厚硅钢片的机构最大磁通量密度为 1.532T,而 10mm 叠厚硅钢片的则为 1.502T,可见在相对转角为 90°时,最大磁通量密度降低了。因此将硅钢片厚度从 7mm 提高到 10mm,从避免出现磁饱和现象来看意义不大。本机构处于滑差传动工作模式的工作时间短且时间占比小,滑差传动工作模式是间断性的,每次工作的发热量小从而有较长散热时间,因而系统的温升可以忽略。

由于磁路是连续封闭的,局部磁通量密度较高区域的出现即说明某段磁路出现了异常,磁路结构存在不合理的区域,因此要进一步讨论。对于表面磁通量密度较高的区域(如图 4-11 所示),在设计外壳时,要给该区域预留较大的轴向空间,以防止由于外壳的导磁性能较大影响该区域的磁场分布,使得磁扭矩-相对转角特性和仿真计算结果的差异较大,防止对内部磁路的干扰。为进一步观察内部是否有磁通量密度较高的局部区域,特隐藏顶层的硅钢片和一片扇形永磁体后,观察到大部分区域不存在磁饱和区域,而在边角处有异常,这与仿真计算时的网格模型设置有关,但是该区域较小,可以认为对整体的性能影响较小。

在分析研究静磁场后,确定了硅钢片叠厚尺寸、永磁体材料和厚度尺寸,可以进一步对

彩图 4-10

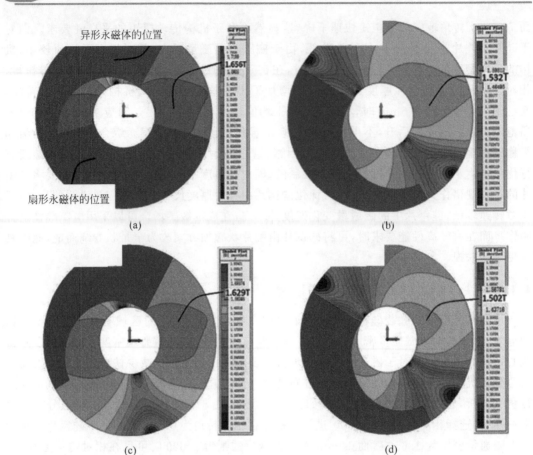

图 4-10　不同相对转角下永磁体和硅钢片表面的磁通量密度

（a）硅钢片厚度：7mm，相对转角 0°；（b）硅钢片厚度：7mm，相对转角 90°；（c）硅钢片厚度：10mm，相对转角 0°；
（d）硅钢片厚度：10mm，相对转角 90°

彩图 4-11

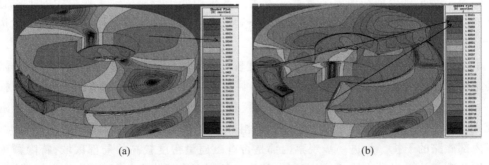

图 4-11　局部磁通量密度较高的区域

（a）硅钢片表面磁通量密度较高区域；（b）永磁体表面磁通量密度较高区域

机构进行运动仿真,研究动态下该机构的磁性能和磁扭矩-相对转角特性。

4.2　运动仿真模型的设置

　　基于上述研究改进了仿真模型的参数,进行运动仿真,即驱动磁盘按一定转速旋转,输出磁盘静止不动,仿真计算得到磁扭矩-相对转角特性,在设置时需要选择合适的瞬态求解器和设置运动参数。由于在滑差传动模式下测试磁扭矩相对转角特性,为方便测试,所以让输出磁盘静止。设置运动仿真模型参数有较多的因素,特别是局部网格参数直接影响到仿真计算精度,以及设置合适的步长和总仿真时间,使得求解结果更加科学。设置的转速参考永磁滑差传动机构能工作的最大转速差。硅钢片的材料特性对磁路磁阻的影响较大,材料的牌号和各向异性的特征对仿真结果也有较大的影响。因而在搭建仿真模型时需要进一步研究这两个因素。

4.2.1　运动驱动方式和驱动速度的设置

　　仿真软件的运动驱动方式设置分速度驱动和扭矩驱动,本机构主要研究驱动磁盘和输出磁盘之间的磁扭矩-相对转角特性,由于转速对铁损的影响较大,且铁损也反过来影响磁扭矩-相对转角特性,因而设置驱动磁盘的驱动方式为速度驱动,输出磁盘的速度设置为 0。需要说明的是在机构工作于滑差传动模式时,驱动磁盘和输出磁盘均以一定速度转动,只是两者之间有转速差,因而仿真计算时将驱动磁盘的转速设置为最大转速差,因而设定转速为 $1°/s$。在相对转速较大时将会产生感应电流,钕铁硼材料由于采用粉末冶金方式制造,因而电阻率高导致感应电流较小,硅钢片较薄而每片之间有绝缘材料,能有效减小电涡流损失。至于硅钢片的制作方式,为叠装、卷绕或两者的组合,后续可以研究。

4.2.2　三维磁场仿真选项设置

　　为提高计算精度,仿真计算选择了三维磁场仿真,因而选择的单元也是立体的,以提高仿真计算精度。有一个重要选项是设置多项式的阶数(如图 4-12 所示,polynomial order),这里选择 4,它适合磁场的三维仿真计算。本仿真计算软件共有 4 种有限元单元形式,如图 4-13 所示,其中图 4-13(a)对应的是四面体,具有四个顶点,图 4-13(b)在四面体中心增加了一个节点,图 4-13(c)在四面体的四个面上各增加了一个节点,图 4-13(d)在四面体的四个面上和四面体中心都各增加了一个节点,为获得更高的计算精度,所以选择图 4-13(d)中的有限元单元。

　　瞬态选择(transient options)的设置主要是选择仿真时长和仿真步长,仿真时长设置为 90000ms,仿真步长设置为 1000ms。设计的依据是驱动磁盘与输出磁盘相对转速为 60r/min,仿真步长 1000ms 对应转速为 $1°/s$,仿真时长选择为 90000ms,仿真角度为驱动磁盘相对输出磁盘转动 90°,最终得到 91 个数据。

图 4-12   仿真选项设置

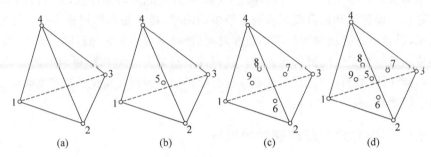

图 4-13   软件可选三维模型网格的四种形式

4.2.3   局部三维网格模型调整

按缺省方式生成的初始网格模型如图 4-14 所示,按这个网格模型计算得到的曲线平滑程度不满足要求,且仿真结果和根据实际测试结果预测的情况相差很大,故需要对网格模型进行调整。

图 4-14   生成的初始网格模型

网格取大时一般仿真计算精度差,而网格取小时则仿真计算精度好,但耗费计算资源多,且网格太小有时不能收敛。考虑本机构的网格模型,永磁体背面铁心处的磁通量密度变化不大,因此网格取适当大小即可。而永磁体间铁心处的磁通量密度变化较大,需要对网格模型进行细化,由于铁心是一个整体,使得细化这部分体积网格难度大,而软件能通过设置永磁体贴合铁心边缘处的网格尺寸细化永磁体径线边缘,通过永磁体边缘与铁心贴合而细化永磁体间的铁心网格。细化后的三维网格模型如图 4-15 所示,这样就使网格模型有的地方是初始的网格尺寸,有的地方网格尺寸被细化,在提高计算精度的同时而不耗费太多计算资源。后续仿真计算过程证明,通过这种方式可将一次仿真计算时间从 60h 以上缩短为 48h。永磁体本身的网格尺寸也要合适,且要在永磁体的边和角处细化网格,细化网格尺寸与永磁体本身体积和局部尺寸有关,通过与销售方软件工程师多次交流,再经过多次仿真后可得到合适的尺寸,即需要积累一定的该软件使用经验。

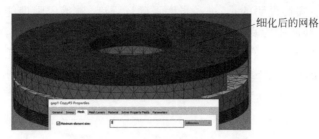

图 4-15　细化顶层硅钢片网格后的模型

网格调整只能缩小仿真计算和实际测量之间的差值,而不能消除这个差值,这是由于永磁磁路非常复杂,尽管国外专业软件很先进,但目前还不能很好地模拟不同的磁路模型,特别是一些不常见的永磁磁路模型。并且永磁磁路的漏磁一直没有很好的计算公式能模拟真实情况,需要说明的是永磁材料磁化也需要一定的时间,只是这个磁化时间一般很短而被忽略,但如果磁化时间和磁化过程和现有的永磁或电磁系统差异较大,则仿真软件的计算方法可能存在空白,使得计算精度不是很高。多次尝试进行网格调整是提高仿真计算结果的一种可行方案,调整设置空气层、硅钢片和永磁体的三维网格尺寸,并且对永磁体和硅钢片的边线和角部进行加密,局部加密的有限元三维网格模型如图 4-16 所示。局部加密的永磁体和硅钢片对接触和邻近的空气也有加密效果。仿真结果和实测结果有差异的原因,还有一点必须要说明,就是驱动磁盘和输出磁盘之间的磁场力,在两者位于不同相对转角时,有时表现是排斥力,有时表现是吸引力,这引起永磁体间气隙厚度尺寸变化从而使得磁扭矩变化。

图 4-16　边线和角部进行局部加密后的有限元三维网格模型

4.2.4　铁心材料及特性

铁心材料有初始磁导率和饱和磁导率等特性参数,这可通过磁化曲线进行说明。例如坡莫合金的初始磁导率很高,适合音频元器件,其饱和磁导率还低于某些牌号的硅钢片材料,且价格较高。而硅钢片材料则有合适的初始磁导率和饱和磁导率,满足本机构的使用要求。当然还可以使用电动纯铁材料,它有很好的饱和磁导率特性参数,且本身易于加工出合适的结构以容纳安装异形永磁体,在导磁的同时具有更好的磁盘架刚度,但在频高稍高时就具有较大铁损。

本机构的最大相对转速为 60r/min,驱动磁盘和输出磁盘中的磁场变化频率较低,选用饱和磁导率较高的硅钢片,而对于初始磁导率可以不作要求,硅钢材料牌号为 M-36-26-Ga,其磁化曲线如图 4-17 所示。由图可知在铁心中磁通量密度低于 1.5T 时,铁心材料能被快速线性磁化,在高于 2T 后,铁心中磁感应强度随着磁场强度的增加增幅逐步减小,并且随磁场强度进一步增加,磁感应强度增幅很小,铁心材料类似于真空,导磁材料将没有优势,即为出现磁饱和现象。需要说明的是,进一步增强磁场强度,磁感应强度能进一步增加,例如在磁化线圈中,尽管线圈中为真空,磁感应强度能达 10T 以上,这时需要注意线圈由于受到的磁场力很大而被炸裂。当磁感应强度 B 较大时,硅钢片导磁时的损耗会较大,当磁感应强度 B 超过硅钢片的最大导磁能力(图 4-17 中所示的 2.5T)时,则磁路出现磁饱和,铁心会异常发热。

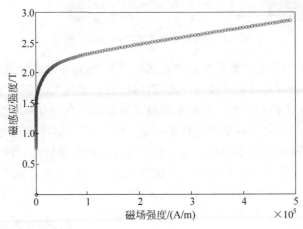

图 4-17 所选硅钢片的磁导率特性

图 4-18 显示了硅钢片材料的铁耗曲线,表示单位质量铁心铁耗功率与磁感应强度关系,铁耗功率的计算式如式(4-2)所示,电流频率为 50Hz,铁耗功率随磁感应强度 B 的增加而加剧。磁通量密度和磁感应强度两者之间有差异,就是来自导磁材料的影响,如果在真空中两者方向一致,当有铁心作为导磁材料时它们的方向不同。本永磁滑差传动机构工作于滑差传动工况时,最大相对转速差不超过 120r/min,一般取 60r/min,永磁体在铁心中引起

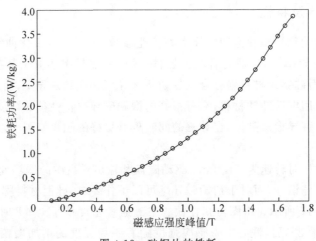

图 4-18 硅钢片的铁耗

涡流的频率小于 2Hz,可见其铁耗较小。这也是前文提出铁心材料可以选择电工纯铁的原因,因为频率低而铁耗小,同时电工纯铁饱和磁导率高,可以节省铁心材料,具有更高的质量扭矩密度。选定好铁心材料后可进行磁扭矩-相对转角特性的研究。

$$P_{\mathrm{Fe}} \approx C_{\mathrm{Fe}} f^{1.3} B_{\mathrm{m}}^2 G \tag{4-2}$$

式中:P_{Fe}——铁耗功率,W;

$\quad\;\; C_{\mathrm{Fe}}$——铁耗系数;

$\quad\;\; f$——电流频率,Hz;

$\quad\;\; B_{\mathrm{m}}$——磁感应强度,T;

$\quad\;\; G$——铁心重量,N。

4.3　平稳磁扭矩-相对转角特性的研究

磁扭矩特性和永磁材料有很大关系,因此选择 N52 和 48/11 这两种高性能牌号,其中 48/11 的剩余磁感应强度为 1.39T,当然这种材料的价格较高,仅仅在仿真计算时用于对比而采用,实际使用时采用 N35H。磁路中由于存在气隙、硅钢片、扇形永磁体和异形永磁体,且扇形永磁体和异形永磁体相对位置还发生变化,使得磁路复杂多变。为方便研究,将磁路划分为很多单独的封闭磁支路,有的磁支路在局部具有较高的磁感应强度,可以理解为该磁支路的磁通量是固定的,只是在某段磁阻小,某段磁阻大而已,这不仅与磁路材料有关,还与磁场叠加有关。例如两块永磁体或更多永磁体在某个区域激发磁场的大小相同,而方向相反,则该区域的磁通量密度低,反之则大。这也是机构结构优化和计算研究必须考虑的因素。

4.3.1　沿分割线截面变化规律的研究

第 3 章提出了偏心圆弧切割扇形永磁体的方案以期望永磁滑差传动机构能获得平稳的磁扭矩-相对转角特性,而要实现这个目标,还需要合适的计算方法。

永磁体合力沿径向的分力有一个平衡位置,假设在图 4-19 中有一条分割线,异形永磁体在分割线外侧的部分受到的扇形永磁体的永磁径向力方向沿半径向外,而在分割线内侧的部分受到的扇形永磁体的永磁径向力方向沿半径向内,径向永磁力分割线位置表示向内和向外永磁力大小相等的位置线。由于永磁径向力不能引起异形永磁体或扇形永磁体径向运动,所以只是为说明问题而提出的一个概念。显然径向分割线位置与输出磁盘异形永磁体结构尺寸参数有关,也与驱动磁盘扇形永磁体结构尺寸和相对位置有关,还与硅钢片的结构尺寸有关。图 4-19 表示的周向永磁体分割面能很好解释磁扭矩-相对转角特性平稳的原因,即异形永磁体沿周向永磁体分割面,在驱动磁盘和输出磁盘相对转动时,该分割面位置也是连续变化的,选择不同的偏心圆弧参数能获得不同磁扭矩-相对转角特性。需要说明的一点是,分割面是假想的面,仅表示提供驱动扭矩和阻扭矩的永磁体比例,实际情况必然是驱动扭矩大于阻扭矩。且一块异形永磁体受到一块扇形永磁体的逆时针方向的吸引磁扭矩,而另一块扇形永磁体则提供给它逆时针方向排斥磁扭矩。因而拟通过改变偏心圆弧的参数，以获得平稳的磁扭矩-相对转角特性。图 4-19 展示了安装于输出磁盘的两块异形永磁体（图 4-19(a)中仅显示出一块，另一块安装位置为其对称位置，图 4-19(b)通过三维方式全部显示）。为更方便讨论，图 4-19 所示的周向永磁体的分割面暂定为扇形永磁体的对称面，周向永磁体的分割面对磁扭矩有较大的影响，因而是研究的重点。

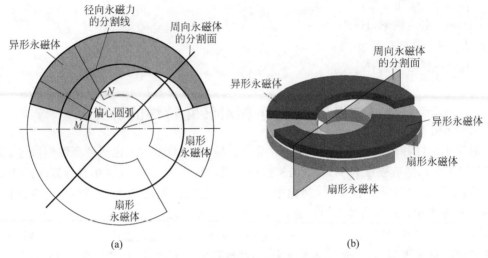

(a)   (b)

图 4-19   径向和周向永磁力分割线

(a) 平面图；(b) 立体图

4.3.2   不同偏心圆弧方案对磁扭矩的影响

由上述研究得知：异形永磁体的偏心圆弧和扇形永磁体径向边缘线在相对转角范围内的交点连续变化，该交点为图 4-19 中 M、N 点，为两条曲线投影与铁心偏心圆弧的交点，由此获得平稳磁扭矩-相对转角特性曲线。根据前面研究已经选定的永磁体的材料和厚度、铁心材料和尺寸参数，获得了磁扭矩-相对转角特性曲线，但这个曲线是否最优或局部最优，还需要进一步证明，因而提出替代外圆弧、替代内圆弧两种方案，通过仿真计算以判断两种方案的优势和劣势。第一种方案为使用偏心外圆弧替代输出磁盘扇形永磁体的外圆弧，该外圆弧切割扇形永磁体，保留偏圆心侧的永磁体，异形永磁体形状如图 4-20 所示。第二种方案为使用偏心内圆弧替代输出磁盘扇形永磁体的内圆弧，该内圆弧切割扇形永磁体，保留外侧的永磁体，异形永磁体形状如图 4-21 所示。两种方案的被切割扇形永磁体的尺寸参数相同，均为外径 130mm、内径 46mm 和厚度 10.5mm，这里用切割这个词，反映了异形永磁体试制时的制作方法，大量生产时使用模具直接压制出需要的形状。由于在试验阶段，如果制作模具以制造异形永磁体，则资金投入和时间均不合适；而购置现成的环形钕铁硼永磁体，再采用线切割的方式获得，在时间成本和资金成本上均有优势。两个仿真模型采用的永磁材料和硅钢片材料均一致,仿真设置为同等条件。为更好地比较两种方案的优势,第一种方案异形永磁体侧面积为 $3542\mathrm{mm}^2$,第二种方案则为 $3593\mathrm{mm}^2$,这样两种方案的异形永磁体在厚度一致时质量也接近。搭建仿真模型进行仿真计算。

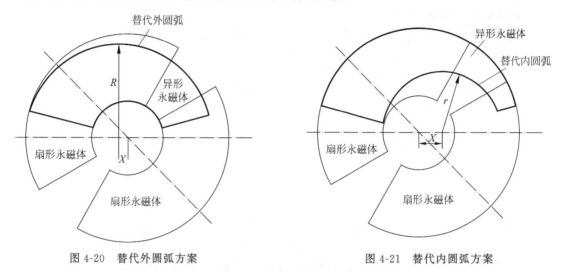

图 4-20　替代外圆弧方案　　　　　图 4-21　替代内圆弧方案

两种方案的仿真模型如图 4-22 所示,其中第一种方案在异形永磁体外侧留下了较多区域,第二种方案在异形永磁体内侧留下较多区域,两个方案的驱动磁盘均被隐藏。图 4-22(a)所示的方案半径较大区域的永磁体被切除,剩余永磁体磁场力的作用半径小,则对应磁扭矩也应该较小。而对于图 4-22(b)所示的方案,永磁体被保留质量分布区域的半径大,则永磁力产生的磁扭矩也较大,所以预估第二种方案为磁扭矩平均值较大的优势方案。

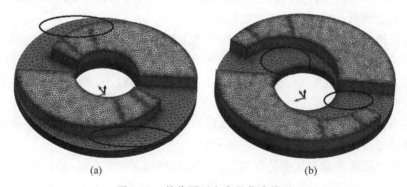

(a)　　　　　　　　(b)

图 4-22　替代圆弧方案的仿真模型

两种方案的仿真结果如图 4-23 所示,均取 26 个计算点,对应相对转角范围为[0°,100°],角度稍微取大一点的原因是这样能更完整反映计算结果。观察仿真计算结果可知,在初始位置两种方案的磁扭矩相差 3.5N·m,即在初始位置时第二种方案比第一种方案磁扭矩大约 16.3%。但随相对转角增大,两种方案的磁扭矩差值越来越小,这与仿真前的预想不一样。细分析其原因,认为是第一种方案的外侧硅钢片在相对转角增大时能改善磁路,即图 4-22(a)中圆圈显示的区域在相对转角增大时,能改善铁心处出现的磁饱和区域。这也为后续铁心结构的改善提供了思路。

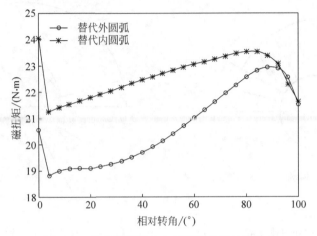

图 4-23　替代外圆弧和内圆弧的仿真计算结果

图 4-22(b)中圆圈所示的区域磁通量密度也能改善磁饱和区域,作为对比,第一种方案异形永磁体外围替代圆弧线较长,而硅钢片外径大于异形永磁体外径,使得细分磁支路的磁阻大幅降低,改善了永磁体的工作点,导致驱动磁盘和输出磁盘在大转角区域的磁扭矩上升较快。而第二种方案,异形永磁体的外径和背面硅钢片的外径重合,由于磁通量从一种物质进入另一种物质时会发生折射(这在第 2 章有过介绍),因此相关磁支路的磁阻较大,以致在相对角度较大时和第一种方案的磁扭矩接近。

可见本机构磁扭矩-相对转角特性不仅受到永磁体、铁心等材料和形状的影响,还受到磁路相关理论的影响。根据上述讨论,利用图 4-24 和图 4-25 所示的区域来分析这部分磁路影响,显然在相对转角为 20°左右时,两个方案的磁阻均较小,所以磁扭矩主要受磁场力作用半径的影响,相差较大。而在相对转角为 85°左右时,两个方案的磁路磁阻有变化,第一种方案的磁路磁阻更小,弥补了磁场力作用半径小的不足。可见永磁滑差传动机构还能通过降低磁路磁阻的方式来提高系统扭矩密度。

这部分研究结论的理论依据是高斯定律与安培环路定律。磁通(量)和磁场的高斯定律为通过周界为 c 的开表面 s 的磁力线,磁通量密度 B 在整个表面可以是均匀或不均匀分布。如果将此表面分成 n 个非常小的单元面积,假定通过每一单元的 B 是均匀的,则通过面的磁通元为

$$\Delta \Phi_i = B_i \cdot \Delta s_i \tag{4-3}$$

式中,B_i 为通过 Δs_i 的磁通量密度。通过 s 面的总磁通为

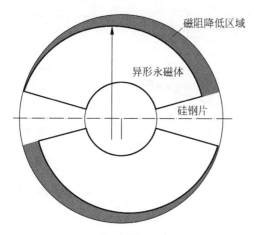

图 4-24　替代外圆弧的磁阻降低区域

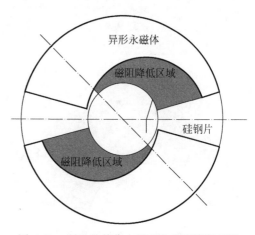

图 4-25　所示的替代内圆弧的磁阻降低区域

$$\Phi = \sum_{i=1}^{n} B_i \cdot \Delta s_i \tag{4-4}$$

直接应用散度定理,可将封闭面积分变换成体积分:

$$\int_V \nabla \cdot B \, \mathrm{d}v = 0 \tag{4-5}$$

磁场强度与安培环路定律定义自由空间的磁场强度 H 为

$$H = \frac{B}{\mu_0} \tag{4-6}$$

将安培环路定律简称为安培定律,其公式如式(4-6)所示,用磁场强度表示为

$$\oint_c H \cdot \mathrm{d}l = I \tag{4-7}$$

以上为场论和静磁场涉及的知识,可以解释磁扭矩受磁路磁阻的影响。当然根据磁路的相关定律也可以解释。

由上述分析提出了第三种异形永磁体方案,即扇形永磁体内、外均被偏心圆弧切割的方案,如图 4-26 所示异形永磁体侧面积为 $3540\mathrm{mm}^2$,和第一种、第二种方案相近,综合了第一种和第二种方案。同等条件下仿真后得到的磁扭矩-相对转角特性曲线如图 4-27 所示,在初始转角位置磁扭矩得到了提高,比第一种方案提高约 21%,比第二种方案提高 3%,特别是对比第二种方案,在相对转角 $20°$ 左右,磁扭矩大幅提高,磁扭矩平均值也得到了提高,且磁扭矩波动较小,这是可以继续研究的优选方案。

图 4-26 所示的方案提高了磁扭矩平均值、降低了扭矩波动,能获得改善的原因是在异形永磁体外圆弧和内圆弧均有额外的硅钢片材料,而这部分材料根据第 2 章提及的磁通量折射定律可知,能有效减少磁路漏磁。需要进一步解释的是,该方案不仅减少了异形永磁体本身的漏磁,还减少了对面驱动磁盘上扇形永磁体的漏磁,且改善了两种永磁体的工作点,

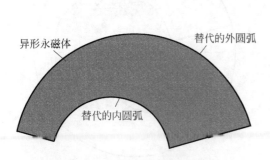

图 4-26　内、外圆弧均被替代的方案

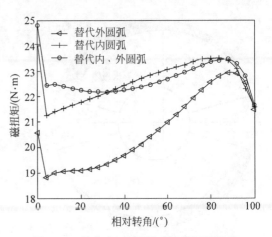

图 4-27　替代内、外圆弧后的磁扭矩规律

才能获得图 4-27 所示的效果。但是该方案需要同时调整内、外圆弧，大幅增加了设计和后续优化的难度。因而提出在第二种方案前提下，直接扩大硅钢片的外径，也能改善扇形永磁体和异形永磁体的工作点，提高磁扭矩平均值，获得平稳磁扭矩曲线。根据这个思路建立仿真模型，如图 4-28 所示。硅钢片外径为 140mm，增加了 10mm，确定合适的增加量可以通过优化设计或多次仿真试验获得。仿真计算得到的磁扭矩-相对转角特性曲线如图 4-29 所示，扩大硅钢片的外径能增大磁扭矩平均值，磁扭矩-相对转角曲线在第二种方案基础上向上平移量超过 0.5N·m，但磁扭矩相对平均值的标准差变大，即磁扭矩的平稳性反而降低了。可见硅钢片的外径尺寸影响了磁扭矩的大小和磁扭矩-相对转角特性曲线。因而需要综合第三方案和第四方案，加大驱动磁盘硅钢片外圆直径，在提高磁扭矩平均值的同时，降低磁扭矩-相对转角特性曲线的波动量。

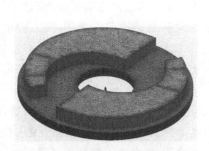

图 4-28　加大硅钢片外径的仿真模型

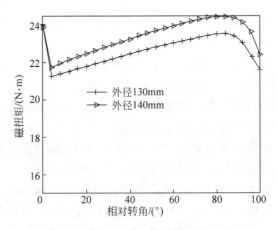

图 4-29　加大硅钢片外径导致磁扭矩值增大

4.3.3　异形永磁体圆心角的讨论

驱动磁盘扇形永磁体和输出磁盘异形永磁体相对转角为 0°和 90°时的重叠状况分别如图 4-30、图 4-31 所示。有重叠部分的原因是避免永磁体边界效应，在没有重叠或重叠部分过小会出现磁扭矩随相对转角变化时发生突变，从而难以获得平稳的特性曲线。

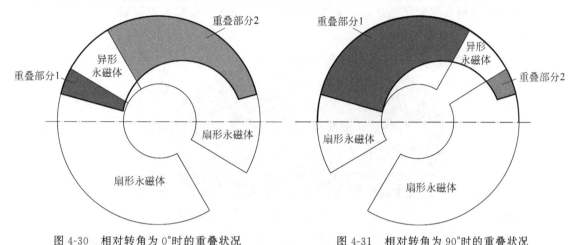

图 4-30　相对转角为 0°时的重叠状况　　　　图 4-31　相对转角为 90°时的重叠状况

相对转角为 0°时，图 4-30 所示深色的区域为输出磁盘异形永磁体小端和一块驱动磁盘扇形永磁体重叠的部位，浅色的区域为输出磁盘异形永磁体大端和另一块驱动磁盘扇形永磁体重叠的部位，由于这两个区域的存在，在输出磁盘相对驱动磁盘转动 90°时，异形永磁体和两块扇形永磁体之间的磁场力不会发生方向的改变，即避免出现临界位置，使得磁扭矩-相对转角特性曲线的平均值较高、不会发生突变。相对转角为 90°时，图 4-31 所示深色的区域为输出磁盘异形永磁体小端和一块驱动磁盘扇形永磁体重叠的部位，浅色的区域为输出磁盘异形永磁体大端和另一块驱动磁盘扇形永磁体重叠的部位，这时异形永磁体大端重叠面积大，而小端重叠面积小，但也不会出现临界位置。异形永磁体和扇形永磁体的圆心角大小决定了重叠面积的大小，也是影响磁扭矩-相对转角特性的一个重要因素。

4.4　边界条件设置和仿真结果

仿真计算的边界条件设置非常重要，整个仿真模型需要浸泡于一个大空气包中，空气包外表面默认设置方向为磁力线切向，即磁力线不再跑出大空气包。在 MagNet 仿真软件中一般为足够大的空气包，使得仿真模型能正常解算，但空气包尺寸太大会浪费计算资源，空气包尺寸太小则不能正常解算。根据仿真模型的对称性和周期性可以取模型的 1/2 或 1/4来进行解算，设置好边界条件即可，这样可以缩短仿真计算时间和计算结果的存储空间。本机构的驱动磁盘上的扇形永磁体为对称布置,但输出磁盘上的异形永磁体为圆心对称布置,且在两者的相对转角发生变化时,其位置也不对称,因而不能通过设置边界条件来计算其中的一部分。选择直径为 1800mm,高度为 320mm 圆柱状空气包,本机构处于空气包的中心部位,建立模型解算后的结果如图 4-32 所示。图中使用等势线和云图显示磁通量密度分布情况,在空气包中心的永磁体表面磁通量密度较高且变化大,不同颜色表示不同磁通量密度,而离永磁体稍远的空气包处磁通量密度较低,由云图颜色可知接近于零,可见本机构的漏磁量较小。

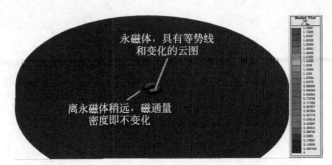

图 4-32　空气包的磁通量密度等势线图和云图

最后设置优化参数的仿真模型,采用"带运动的 3D 瞬态仿真"选项进行仿真计算,即运行仿真模型是计算瞬态状况,计算获得的磁扭矩-相对转角特性曲线的结果截图如图 4-33 所示,该结果中的磁扭矩平均值和波动量均符合预期,是一个可以接受的方案。

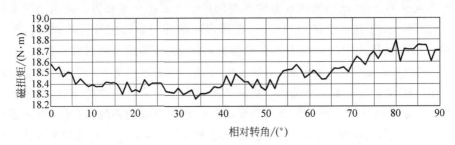

图 4-33　仿真计算的结果图

4.5　磁扭矩-相对转角特性的评价指标的研究

通过上述研究,已经获得了一个永磁滑差传动机构方案,其磁扭矩-相对转角特性已经较平稳。为方便进一步开展研究,获得更好的磁扭矩-相对转角特性,对该机构进行参数优化,特提出以下评价指标:

(1) 最大相对转角。驱动磁盘和输出磁盘之间最大相对转角的大小,决定该机构能适应的最大转速差。

(2) 磁扭矩的平均值。在设定的相对转角范围内的磁扭矩不恒定,取不同相对转角点的磁扭矩后计算平均值,该指标决定该机构的扭矩容量。

(3) 磁扭矩的均方差。该指标显示各个相对转角处的磁扭矩相对于平均值的偏差,偏差越小则磁扭矩-相对转角特性曲线越平稳。

(4) 磁扭矩密度。磁扭矩密度为平均磁扭矩与永磁滑差传动机构的体积和质量的比值。用来评价永磁滑差离合器的轻量化程度和小型化。

(5) 磁扭矩的冲击度。求磁扭矩变化速度对相对转角的三阶导数,以其最大值为磁扭矩变化冲击度。

4.6　本章小结

本章以提高磁扭矩平均值和降低磁扭矩波动为研究目标,主要研究了驱动磁盘和输出磁盘之间的气隙尺寸,确定为 2mm。研究了硅钢片厚度尺寸,确定为 7mm。重点研究了异形永磁体的偏心切割圆弧,逐步进行了 4 种方案的研究后得到了切割内外圆弧和加大硅钢片外径的结构方案。通过这些研究最后确定了一种方案,即平均磁扭矩约为 18.5N·m,扭矩波动在可接受范围内的永磁滑差传动机构方案。后续拟采用基于临界位置的等效面积法建立异形永磁体结构参数的快速设计计算方法,期望能根据需要的磁扭矩快速得到驱动磁盘和输出磁盘的结构参数。

第5章 永磁滑差离合器永磁扭矩测量试验及分析

通过前面的讨论,基本确定了永磁滑差传动机构方案,即驱动磁盘的扇形永磁体和输出磁盘有偏心圆弧的异形永磁体,并且对永磁体和硅钢片叠装铁心形状结构参数与磁扭矩-相对转角特性曲线之间的关系进行了讨论。为了验证仿真计算的正确性,需要制作实物进行测试,和仿真计算结果进行对比,再进一步揭示和确定结构参数与特性曲线之间的关系。另外还需要解决快速确定机构参数的问题,即确定设计目标后,能尽快获得匹配平稳磁扭矩-相对转角特性的扇形永磁体和异形永磁体结构参数的方法。在已有特性参数的基础上,运用 BP 神经网络得到映射模型,根据异形永磁体参数推导出机构的磁扭矩特性,并能优化参数。提出了适合用于本机构测试用的驱动机构——具有精确输出正弦波形的双曲柄连杆机构。

5.1 试验方案研究

5.1.1 试验目的与试验方法

试验目的:选取仿真计算后得到的输出磁盘及异形永磁体结构性能参数、驱动磁盘及扇形永磁体结构性能参数和硅钢片铁心材料及尺寸,制作实物后测试磁扭矩-相对转角特性曲线,验证仿真计算的结果和实测数据的一致性,以判断所提出的永磁滑差传动机构及其零部件的结构参数是否合理。

试验材料制作:采用 3D 方法制作形状复杂的永磁体支架盘;为保证不同结构之间的位置尺寸精度,使用加工中心机床制造铝合金连接结构和整体支架;将平板厚钕铁硼永磁体退磁后,用线切割加工成扇形永磁体和带偏心圆弧结构的异形永磁体;使用充磁机和充磁线圈对永磁体进行充磁;再将永磁体和支架盘组合安装,装配成便于测量的永磁滑差传动机构。

试验方法:初始使用带表扭矩扳手测得不同相对转角下的磁扭矩,扭矩扳手最小刻度为

0.5N·m。后续通过设计专门的机构,在一定速度下使用扭矩测量仪测得磁扭矩特性曲线。

5.1.2　永磁体支架盘设计

　　磁盘架选用磁导率低的材料,否则会影响磁路,使得仿真结果不能实现,因而磁盘架先使用塑料件制作,定型后再使用铝合金制作。最后的目标期望使用304不锈钢制作,但需要设计合适的磁盘架结构。磁盘架需要具有满足多项功能的结构,诸如扇形永磁体和异形永磁体的高精度安装槽、驱动磁盘和输出磁盘限定初始位置结构及相对转角范围限制结构、固定安装环形硅钢片结构和输入输出连接结构。因而采用3D打印技术完成磁盘架的制作,加装异形永磁体和扇形永磁体后的部件如图5-1所示。永磁滑差传动机构关键部件的爆炸图如图5-2所示,驱动磁盘的磁盘架安装了扇形永磁体和环形硅钢片,驱动磁盘的磁盘架端面和扇形永磁体的外端面平齐,扇形永磁体内端面安装叠加的环形硅钢片,两者之间的相对位置由驱动磁盘的磁盘架尺寸保证。需要重点强调的是,由于环形铁心中的磁通量会发生变化,有时环形硅钢片某些区域会鼓起(为2.2.1节中图2-3所示的实例的另一个验证,也是硅钢需要夹紧的理论基础),所以环形硅钢片需要被压紧安装。输出磁盘的磁盘架端面和异形永磁体外端面平齐,异形永磁体内端面和叠加的硅钢片贴紧安装,两者安装于输出磁盘的磁盘架中,输出磁盘的磁盘架尺寸保证异形永磁体的正确安装位置。驱动磁盘中的扇形永磁体外端面和输出磁盘中的异形永磁体外端面之间的气隙为2mm,这需要使用端面轴承进行限位保证,且驱动磁盘和输出磁盘需要轴向固定。

（a）　　　　　　　　　（b）

图 5-1　永磁体支架图

（a）异形永磁体支架；（b）扇形永磁体支架

1—叠加的硅钢片；2—扇形永磁体；3—扇形永磁体骨架；4—异形永磁体骨架；5—异形永磁体；6—叠加的硅钢片

图 5-2　永磁滑差传动机构关键部件的爆炸图

5.1.3　扇形和异形永磁体制作

由于已经批量销售的钕铁硼永磁体质量已经较稳定，购置后测量其表磁，挑选表磁高的作为试验品，表磁高和充磁均匀表明其制造质量较好。记录各区域表磁数据和标注磁极，置于加热炉缓慢加热，在350℃保持一段时间后，即能可靠退磁，使用特斯拉计测量表磁以确认可靠退磁。采用线切割方式将退磁后的永磁材料切割成需要的形状，应保证切割加工精度，然后按原来的磁极方向进行充磁，再使用特斯拉计测量确认已经可靠充磁。也可以选用现成的环形永磁体，只要尺寸符合要求，充磁方向为轴向充磁即可。在线切割机床上根据仿真确定的参数进行切割，获得需要的尺寸和形状。如果出现磁性不足的情况，可以交换磁极方向反复充磁，直到测量的表磁符合要求。由于异形永磁体的尺寸形状较难测量，因此使用3D打印的骨架来检验其形状尺寸，通过这种方式制作的骨架，其尺寸由3D打印机的精度保证，精度达到±0.4mm。

采用的充磁机功率较大，电压最高可达3500V，在充磁线圈中能产生3T以上磁感应强度的磁场，这足以完成对钕铁硼永磁体的充磁，实物如图5-3所示。永磁体被切割后，按原来的磁极方向平放于充磁线圈内腔的中部，尽量保证处于匀强电磁场中，按下充磁按钮完成充磁。为保证充透厚永磁体，适当调高充磁机电压，充磁时间一般为5ms以内，在充磁线圈内产生强度足够大的磁场以保证可靠充磁。比较退磁前和充磁后的表磁，以保证永磁体质量，如果没有达到预计的质量，则需要检查和分析。例如使用磁极显示片检查永磁体内部是否有裂纹，因为在永磁体受到撞击或跌落时可能产生这种缺陷。

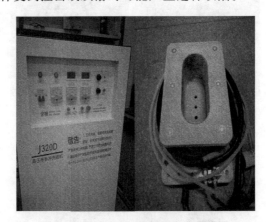

图 5-3　自动充磁/退磁机和充磁线圈

5.1.4　磁扭矩测试

为完成初步的特性测量，在本机构设计了一些细节结构。利用3D打印机高精度的特点在永磁体支架盘圆柱面上打印出角度刻度，最小刻度为1°，在测量时可方便记录对应角度的磁扭矩。制作时要特别注意驱动磁盘和输出磁盘的位置关系,驱动磁盘和输出磁盘之间的磁场力使得磁盘架会发生偏斜,而气隙尺寸的变化将会使得磁扭矩数值发生变化,产生与仿真值有较大差异的数据。且驱动磁盘和输出磁盘之间的轴向磁力,在吸引力和排斥力之间切换,因而轴向定位需要有专门的设计。

　　永磁体支架盘和铝合金输出盘之间的连接螺钉选用磁导率低的不锈钢材质,采用铝合金材质和塑料材质相结合可减小轴向磁力引起的变形。但铝合金的刚度不足,在试验中发现输出磁盘和驱动磁盘有明显变形,后续拟采用不锈钢材质,或者对驱动磁盘和输出磁盘重新进行结构设计。机构组装完成后,使用扭矩扳手测量并从表盘读取磁扭矩,用于测试的实物如图 5-4 所示。固定输出磁盘,带表盘扭矩扳手通过螺钉转动驱动磁盘,每隔 5°读取一个磁扭矩,完成相对转角 90°范围内磁扭矩的测量,取 3 次测量值的平均值以减小误差。限位机构保证驱动磁盘和输出磁盘之间相对转角范围为 0°～90°。

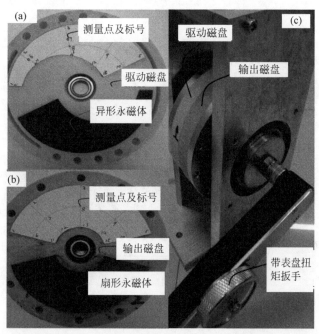

图 5-4　用于磁扭矩测试的试验装置
（a）输出磁盘；（b）驱动磁盘；（c）用于测试的装配体

5.1.5　磁扭矩结果

　　异形永磁体的替代内圆弧参数对磁扭矩-相对转角特性的影响较大,为一个非常重要的结构参数。制作测试装置时扇形永磁体和异形永磁体的结构特征参数如表 5-1 所示。实测值如图 5-5 所示,图中的曲线不平滑,这与较多的因素有关,例如扭矩扳手的刻度为 0.5N·m、导向结构处的摩擦力受到轴向力的影响等。实测磁扭矩的统计数字主要有：平均值 17.62N·m，最小值 17.5N·m，最大值 17.8N·m，标准差 0.096N·m，偏离平均值的最大扭矩比例为 1.02%。仿真获得磁扭矩的统计数据有：平均值 17.54N·m，最小值 17.43N·m，最大值 17.83N·m，标准差 0.10N·m，偏离平均值的最大扭矩比例为 1.78%。实测值和仿真计算值的差距不大，可见扇形永磁体和偏心圆弧切割异形永磁体的结构参数和系统方案具有实际意义。但试验装置还有很多不足，例如存在气隙尺寸控制、导向轨道的阻力、轴向定位和磁盘架变形量等问题。因而需要对系统机构进行详细研究，以获得更合理的结构，进一步提升系统的扭矩特性。

表 5-1 试验装置的永磁体结构参数

	厚度 /mm	内径 /mm	外径 /mm	圆心角 /(°)	偏心圆弧圆心偏移量 x /mm	偏心圆弧半径 /mm
扇形永磁体	10	46	130	150	—	—
异形永磁体	10	46	130	150	15.8	38.8

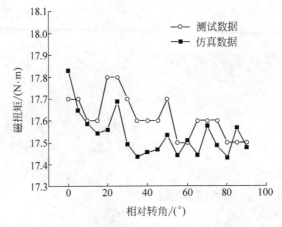

图 5-5 磁扭矩的仿真计算结果与实测值

5.2 试验结果分析

前文对机构试验结果的分析包含机械结构和永磁力两方面，且这两个方面是相互影响。例如导向机构限制了输出磁盘相对驱动磁盘的旋转角度，但它在导向轨道中受到的摩擦力又受磁场力大小和方向的影响。磁场力的大小和方向受驱动磁盘和输出磁盘之间气隙尺寸的影响，而气隙尺寸主要受驱动磁盘和输出磁盘的轴向定位结构影响，但又受到磁场力的影响，例如磁场力方向变化时，由于轴向限位轴承的间隙发生变化，则对气隙大小具有影响，而磁场力大小的变化也引起磁盘架变形量发生变化,进而影响气隙大小。因此对试验结果的分析,需要分类进行综合分析,找到提高系统特性的途径。

5.2.1　单侧磁力问题

　　由驱动磁盘和输出磁盘的永磁体磁极分布方式可知,本系统存在单侧磁力问题。再次将驱动磁盘中的扇形永磁体和输出磁盘中的异形永磁体单独列出,使用图 5-6 展示它们工作时的相对位置。驱动磁盘上的两个扇形永磁体磁化方向分别为 Z 和 $-Z$ 方向,即上表面磁极分别为 N 极和 S 极。输出磁盘上的两个异形永磁体的磁化方向也分别为 Z 和 $-Z$ 方向,即异形永磁体的下表面磁极分别为 S 极和 N 极,可见一块异形永磁体由于和两块扇形永磁体具有正对面积,一处是吸引力,则另一处即为排斥力。即如图 5-6 所示,在小椭圆标定的区域,扇形永磁体和异形永磁体正对部位之间的磁力如果是排斥

图 5-6　永磁体的排列方式引起单侧磁力

力,则在大椭圆标定的区域就是吸引力。且在不同相对转角位置时,排斥力和吸引力的大小将发生变化,关键是两个异形永磁体呈中心对称布置,单侧磁力问题不可避免。即在全部相对转角的范围内,排斥力和吸引力的磁合力对应大部分的相对转角时,该磁合力的作用点不在驱动磁盘或输出磁盘的轴线上,且在大部分情况下单侧磁力方向和驱动磁盘的轴线不平行,因此两个磁盘的一个半圆之间受到排斥力,而另外的半圆之间则受到吸引力。磁扭矩受到这两个力的影响差异很大,在吸引力的半圆,两个磁盘在该区域相互接近,磁扭矩将增加,在排斥力的半圆,两个磁盘在该区域被分离,磁扭矩将减小。如何解决两个半圆区域磁力方向不一样的难题,避免单侧磁力引起磁盘架的变形和随之带来的问题,使输出具有更好的磁扭矩-相对转角特性,这是后续需要解决的问题。

　　为解决输出磁盘和驱动磁盘变形问题,轴向限位和轴承布置是必须要考虑的问题。只有输出磁盘和驱动磁盘具有较好的刚度,考虑轴承及限位问题才有意义。单侧磁力使得仅用深沟球轴承来解决轴向限位的方案不可行,例如用两个深沟球轴承不具有承受大轴向力的能力。因此设计了平面轴承和深沟球轴承组合使用的方案,以解决单侧磁力带来驱动磁盘和输出磁盘偏斜的问题。在设置平面轴承时,需要考虑轴向限位和轴向支撑位置,并且不能对系统磁路产生干扰。

5.2.2　气隙和硅钢片中的磁场分布情况

　　硅钢片中的磁场分布和气隙中的磁场分布变化,是磁扭矩发生变化的内因。永磁体本身剩磁已经确定,变化的是磁路,因而通过观察气隙处和硅钢片中的磁通量分布情况,结合扭矩规律,可以探讨磁扭矩与磁场分布之间的关系。而气隙和硅钢片中磁通量的分布情况,可以通过驱动磁盘扇形永磁体和输出磁盘异形永磁体的磁通量密度分布和磁力线状况获知

磁扭矩变化的原因,同样也可以观察硅钢片表面磁通量分布情况,图 5-7 为相对转角分别为 0°和 90°时的磁通量密度云图和磁力线状况图。在相对转角为 0°时,驱动磁盘扇形永磁体之间的硅钢片表面区域磁通量密度较高,而在输出磁盘异形永磁体之间的硅钢片表面区域磁通量密度稍低,但其切割圆弧包围区域的磁通量密度却较高。观察驱动磁盘硅钢片上表面,显而易见其磁通量密度呈不均匀分布。在扇形永磁体外径中段的铁心边缘处,磁通量密度接近于零,这是两块永磁体磁场在该区域叠加的结果。驱动磁盘硅钢片上表面的磁力线方向在各个区域也不相同,大部分区域的磁力线贴合在硅钢片上表面,在磁通量密度较小区域磁力线方向垂直驱动磁盘硅钢片上表面,但这些区域由于磁通量密度较低,因而漏磁较小。在相对转角为 90°时,驱动磁盘扇形永磁体、硅钢片表面区域磁通量密度下降,不再出现磁饱和区域,且变化剧烈程度也有所降低,输出磁盘异形永磁体和硅钢片表面区域也是相同的变化趋势。

彩图 5-7

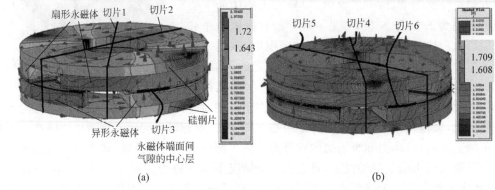

(a)　　　　　　　　　　　　　　(b)

图 5-7　磁场分布情况和观察模型磁通量密度变化的切片位置

(a) 相对转角 0°; (b) 相对转角 90°

　　观察机构表面的磁通量密度分布云图后,设置图 5-7 所示的 3 个切片,观察驱动磁盘永磁体、输出磁盘永磁体、铁心及气隙的磁通量分布及变化情况。为进行对比,分别设置了相对转角 0°和 90°的切片,以揭示磁通量密度在不同切片处的变化状况以及与磁扭矩的关联情况。观察硅钢片、空气层和气隙部位磁通量密度云图,在不同切片处磁通量被重新分配,结合磁力线理解磁通量的路径变化情况。

　　切片 1 为相对转角 0°时位于两个异形永磁体之间空隙处的截面,显示驱动磁盘扇形永磁体及背面硅钢片、气隙和输出磁盘硅钢片在该切片处的磁通量密度分布情况,如图 5-8(a)所示。可以看出硅钢片中的磁通量密度较高且变化不大,在内圈局部有高磁通量密度区域,磁通量密度介于 1.4~1.5T,相对于气隙处,没有产生较大的梯度变化。切片 4 为相对转角 90°时位于两个异形永磁体之间空隙处的截面,显示驱动磁盘扇形永磁体及背面硅钢片、气隙和输出磁盘硅钢片在该切片处的磁通量密度分布情况,如图 5-8(b)所示。可以看出硅钢片中的磁通量密度显著降低,磁通量密度具有较多的梯度变化,气隙处磁通量密度少有变化。可见在切片 1 和切片 4 位置,随相对转角变化而剧烈变化的是输出磁盘和驱动磁盘硅钢片部位的磁通量密度,气隙处的磁通量密度变化不大。在这两个相对转角处,硅钢片中永磁体的叠加磁场状况不一样,因而磁通量密度表现出较大差异,而气隙处的磁通量密度变化不大的原因是气隙厚度大,驱动磁盘中扇形永磁体对气隙处磁通量密度的影响基本不变。特别要注意的是,切片 1 红色圆圈处磁通量密度稍高,在设计装配外壳时需关注。

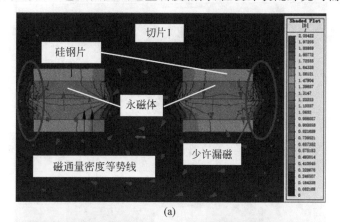

(a)

彩图 5-8

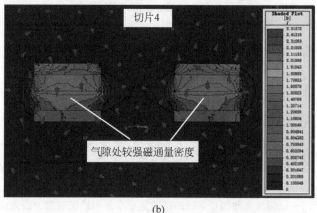

(b)

图 5-8　切片 1 和切片 4 处的磁通量密度分布情况和磁力线方向

（a）切片 1——0°时的异形永磁体周向气隙中间面；（b）切片 4——90°时异形永磁体周向气隙中间面

　　切片 2 为相对转角 0°时位于两个扇形永磁体之间气隙处的截面,显示驱动磁盘硅钢片、气隙和输出磁盘异形永磁体和硅钢片在该切片处的磁通量密度分布情况,需要强调的是,异形永磁体在该切面的尺寸较小,如图 5-9(a)所示。可以看出硅钢片中的磁通量密度较高且变化不大,在内圈局部有高磁通量密度区域,磁通量密度介于 1.5～1.7T,相对于气隙处,没有产生较大的梯度变化。切片 5 为相对转角 90°时位于两个扇形永磁体之间气隙处的截面,显示驱动磁盘硅钢片、气隙和输出磁盘异形永磁体和硅钢片在该切片处的磁通量密度分布情况,异形永磁体在该切面的尺寸较大,如图 5-9(b)所示。可见在切片 2 和切片 5 位置,随相对转角变化而剧烈变化的是输出磁盘和驱动磁盘硅钢片部位的磁通量密度,气隙处的磁通量密度变化仍然不大。在这两个相对转角时,硅钢片中永磁体的叠加磁场状况不一样,因而磁通量密度表现出较大差异,而气隙处的磁通量密度变化不大的原因是气隙厚度大,输出磁盘中异形永磁体对气隙处磁通量密度的影响基本不变。

彩图 5-9

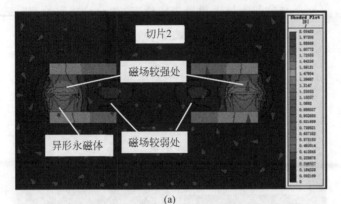

(a)

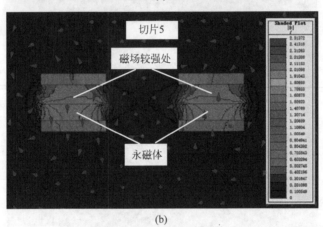

(b)

图 5-9　切片 2 和切片 5 处的磁通量密度分布情况和磁力线方向

(a) 切片 2——0°时扇形永磁体周向气隙中间面; (b) 切片 5——90°时扇形永磁体周向气隙中间面

切片 3 为相对转角 0°时驱动磁盘和输出磁盘气隙中部截面,切片 3 与驱动磁盘轴线垂直,显示驱动磁盘和输出磁盘等距气隙面的磁通量密度分布情况,如图 5-10(a)所示。从图中可以看出异形永磁体和扇形永磁体的轮廓,其中扇形永磁体轮廓较清晰,而异形永磁体两端好像被切除,这是扇形永磁体和异形永磁体磁场叠加的效果。其中异形永磁体部分区域磁通量密度较高(图 5-10(a)中矩形红框区域),在相对永磁体正对叠加部位出现了两个低磁通量密度的区域(图 5-10(b)中矩形白色框区域),这是磁场叠加的结果。可以看出在该气隙切片处的磁通量密度分布变化较大,部分磁极面处磁通量密度大,而缺口处磁通量密度小,因此主要磁力产生于永磁体之间,而永磁体施加于对方铁心产生的磁力小。后续研究中可以考虑这个因素,即如何提高永磁体施加于对方铁心磁力,从而增加磁扭矩。切片 6 为相对转角 90°时驱动磁盘和输出磁盘气隙中部截面,切片 6 与驱动磁盘轴线垂直,显示驱动磁盘和输出磁盘等距气隙面的磁通量密度分布情况,如图 5-10(b)所示。从图中也可以看出异形永磁体和扇形永磁体的轮廓,其中异形永磁体轮廓较清晰,而扇形永磁体边缘的清晰度下降,这也是由于扇形永磁体和异形永磁体磁场叠加的效果。其中异形永磁体部分区域磁通量密度较低(图 5-10(b)中矩形红框区域),在扇形永磁体靠近异形永磁体大头部位出现了两个高磁通量密度的区域(图 5-10(b)中矩形白色框区域),这是由于异形永磁体大头不正对该区域,扇形永磁体在这部分主导磁通量密度,也是磁场叠加的结果。

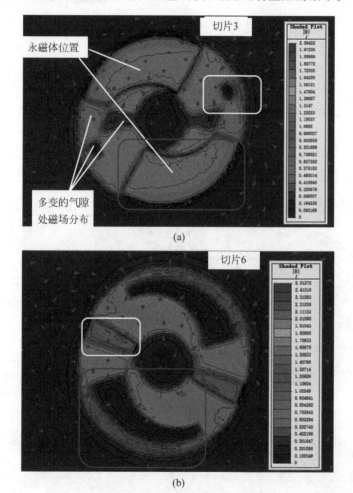

彩图 5-10

图 5-10　切片 3 和切片 6 处的磁通量密度分布情况和磁力线方向

(a) 切片 3——0°永磁体间轴向气隙中间面;(b) 切片 6——90°永磁体间轴向气隙中间面

图 5-11 显示的是异形永磁体和扇形永磁体分别单独作用时的模型,为方便观察,将只有扇形永磁体模型倒置,这样可以看出在各自单独作用时,磁通量密度在两个铁心处的分布情况。由于磁场遵循叠加原理,当它们相互之间相对转动时,磁通量分布就是各自磁场的叠加

效果,通过该分析,能细分磁通量密度分布的底层原因,为更进一步优化系统结构提供依据。

只有扇形
永磁体

只有异形
永磁体

图 5-11　异形永磁体和扇形永磁单独作用的模型

　　图 5-12 显示的是异形永磁体单独作用时在驱动磁盘铁心和输出磁盘铁心中磁通量密度的分布情况,从两个角度观察能更清楚看清磁通密度的分布情况。在驱动磁盘铁心和输出磁盘铁心均有磁场反向叠加区域,此处的磁通量密度很小。由两块异形永磁体的排列方式可知,该处为两块永磁体磁场反向叠加区域,这些区域的铁心厚度可以降低。而在两块异形永磁体周向端面间区域,磁场被正向叠加,磁通量密度较高,该区域的铁心厚度需要增加。输出磁盘铁心和异形永磁体相对轴向位置固定,而驱动磁盘铁心和异形永磁体会相对转动,但在驱动磁盘铁心中的磁通量密度分布不会有较大改变。

彩图 5-12

磁场反向
叠加区域

磁场正向
叠加区域

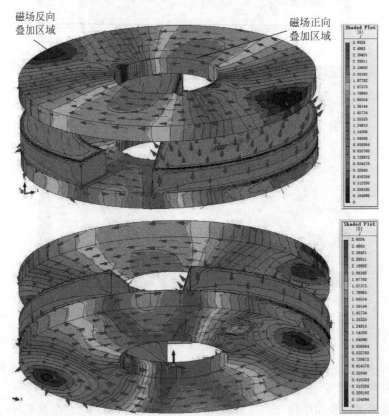

图 5-12　异形永磁体单独作用时在两个铁心处的磁通量分布

　　图 5-13 显示的是扇形永磁体单独作用时在驱动磁盘铁心和输出磁盘铁心中磁通量密度的分布情况,同样从两个角度观察能更清楚看清磁通量密度的分布情况。在驱动磁盘铁心和输出磁盘铁心均有磁场反向叠加区域,此处的磁通量密度很小,但反向叠加区域比异形永磁体引起的区域面积大。由两块扇形永磁体的排列方式可知,该处为两块永磁体磁场反向叠加区域,同样该区域的铁心厚度可以降低。而在两块扇形永磁体周向端面间区域,磁场被正向叠加,磁通量密度较高,该区域的铁心厚度需要增加,但最高磁通量密度较异形永磁体稍微降低了一些。驱动磁盘铁心和扇形永磁体之间位置固定,而输出磁盘铁心和扇形永磁体会相对转动,同样在输出磁盘铁心中的磁通量密度分布不会有较大改变。

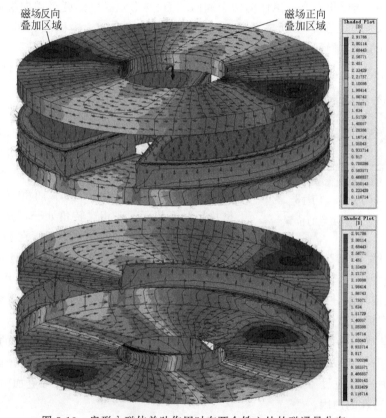

彩图 5-13

图 5-13　扇形永磁体单独作用时在两个铁心处的磁通量分布

　　从不同位置的切片分析,观察到系统不同位置的磁通量密度云图的变化。为更清楚揭示驱动磁盘和输出磁盘各处磁通量密度分布情况,从磁场可叠加角度出发,分别分析扇形永磁体和异形永磁体单独的磁通量密度分布,在不同相对转角时只是这两个磁场在不同位置叠加。这更清晰揭示了扇形永磁体和异形永磁体各自的作用效果,为以后进一步优化提出一种新途径。

5.3   临界位置和关键位置的磁通量密度分布分析

前述分析显示磁扭矩是驱动磁盘上背面带铁心的扇形永磁体释放的磁场与输出磁盘上背面带铁心的异形永磁体释放的磁场相互作用的结果,并给出了各自单独作用的磁场状况。但为了进一步优化结构参数,还需要分析系统更多临界位置和关键位置的磁通量密度分布状况,以提出更科学的理论模型。依据第3章的计算模型,永磁体可以等效为电流,和施力永磁体产生磁扭矩,因而研究永磁体表面磁通量密度的分布更具有意义。相对转角0°和90°为研究位置,选择和扇形永磁体的两个周向端面、异形永磁体的两个周向端面、永磁体和硅钢片接触面为切片位置,分析磁通量密度的变化情况。扇形永磁体和异形永磁体正对磁极面也需要分析,但前面已经有切片3和切片6的分析,再研究意义不大。

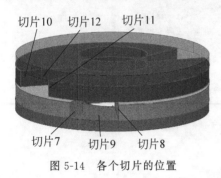

图 5-14   各个切片的位置

根据以上分析选定了6个切片位置如图5-14所示,其中切片7和输出磁盘异形永磁体的周向小端面共面,切片8和异形永磁体的周向大端面共面,切片9和异形永磁体、硅钢片接触面共面,切片10、切片11和扇形永磁体周向端面共面,需要切片10和切片11进行单独分析的理由为相应位置的异形永磁体和硅钢片的状况有较大差异,切片12和扇形永磁体、硅钢片接触面共面。在相对转角处于0°时,各切片磁通量密度分布云图如图5-15所示。在相对转角处于90°时,对应切片7~12的标识变换为切片7′~12′,各切片磁通量密度分布云图如图5-16所示,可比较两个相对转角时的各切面磁通量密度变化情况。其中切片7′、切片8′和异形永磁体大、小周向端面分别共面,但这两个切片在驱动磁盘扇形永磁体中的位置发生了变化,驱动磁盘的扇形永磁体、气隙和硅钢片中的磁通量密度必然发生变化。切片10′、切片11′和扇形永磁体周向端面分别共面,同样输出磁盘异形永磁体在这两个切片中的磁状况也发生了变化。切片9′、切片12′和扇形永磁体、异形永磁体与其背面硅钢片接触面分别共面。研究上述切片中磁通量密度的变化状况,并与磁扭矩进行对应分析,可更加清晰表达磁扭矩-相对转角特性的内因。

切片7、切片8和输出磁盘异形永磁体的周向大、小端面共面,磁通量密度云图如图5-15所示,可以看到硅钢片处磁通量密度很大。切片7中间区域气隙处磁通量密度也较大,这主要是扇形永磁体的贡献,而异形永磁体旁边气隙处磁通量密度较小,这主要是因为此处气隙厚度较大。而在切片8中,可以看到不仅硅钢片处磁通量密度较高,永磁体处也具有较高的磁通量密度,这主要是扇形永磁体和异形永磁体磁场叠加的结果。切片8右侧具有大气隙,所以磁通量密度也快速下降。而切片10、切片11和驱动磁盘扇形永磁体的周向大、小端面共面,同样硅钢片处磁通量密度很大,两个磁盘之间气隙处磁通量密度较高,而在异形永磁

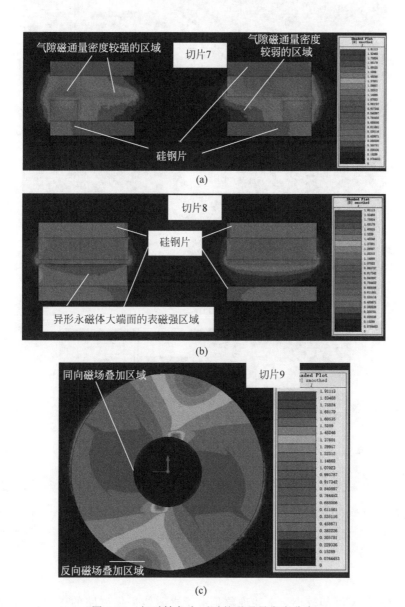

彩图 5-15

图 5-15　相对转角为 0°时的磁通量密度分布

（a）切片 7；（b）切片 8；（c）切片 9；（d）切片 10；（e）切片 11；（f）切片 12

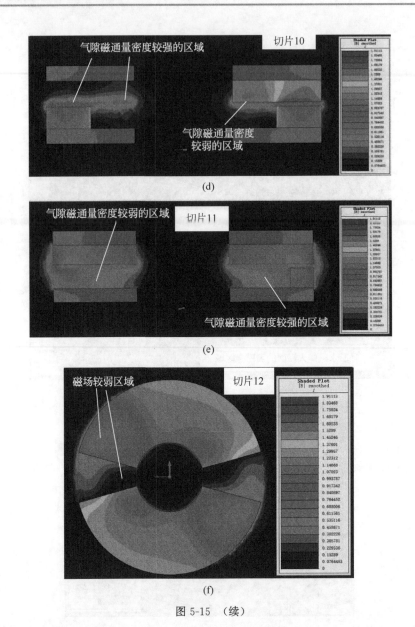

图 5-15 （续）

体侧面区域磁通量密度却较小。上述现象是由于永磁体提供磁路的磁动势,形成磁路各个区域不同的磁通量密度,而永磁体磁极处磁通量密度较高,因而在驱动磁盘和输出磁盘之间的气隙处磁通量密度较高,而硅钢片处磁通量密度很高是由于永磁体释放的磁场在该处同向叠加而导致。在系统磁路中存在较大厚度气隙,由于磁导率低而使得磁通量密度低。在永磁体的相对位置随驱动磁盘和输出磁盘相对转角变化而变化时,不同区域的磁通量密度被同向叠加或反向叠加,改变了相应区域的磁通量密度。切片 9 和切片 12 显示了硅钢片表面的磁通量密度,切片 9 显示异形永磁体与硅钢片接触面的磁通量密度高,同时磁通量密度变化也较大,而切片 12 显示扇形永磁体与硅钢片接触面的磁通量密度低,这反映了永磁体磁场叠加效果。这里需要说明的是,某永磁体磁路中的其他永磁体,均可以看作空气,因此不同永磁体释放磁场的叠加效果,就是切片 9 和切片 12 所示的状况。而进行系统设计时,需要避免磁饱和区域的大比例出现。

在相对转角为 90°时,各个切片处的磁通量密度分布情况如图 5-16 所示。用于比较两个相对转角的对应切片,分析磁通量密度的变化情况。切片 7 硅钢片中磁通量密度大于 1.5T,而切片 7′硅钢片中磁通量密度小于 1.2T。切片 8′的磁通量密度相对切片 8 有所下降,且由于同名磁极的正对面积使得大切片 8′的磁通量密度变化更剧烈,表明在相对转角为 90°时,磁通量密度与扇形永磁体和异形永磁体的相对位置有关。同理切片 10′和切片 11′具有类似的状况。同样切片 12′相对切片 9′的磁通量密度下降较多,且磁通量密度变化剧烈。研究清楚这些变化因素对磁扭矩-相对转角特性的影响程度,对于优化计算方法有帮助。

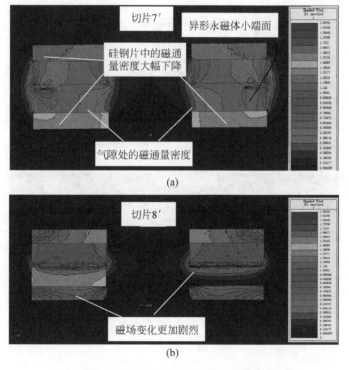

彩图 5-16

图 5-16　相对转角为 90°时的磁通量密度分布
(a) 切片 7′; (b) 切片 8′; (c) 切片 9′; (d) 切片 10′; (e) 切片 11′; (f) 切片 12′

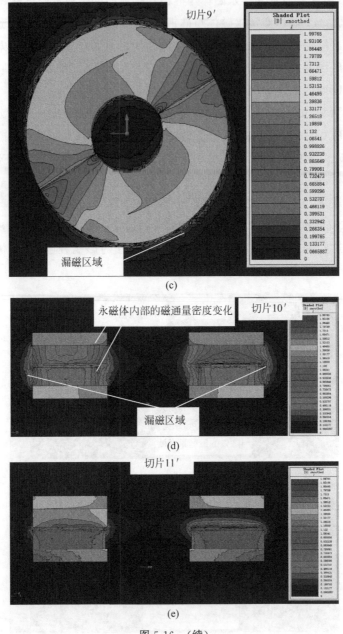

图 5-16 （续）

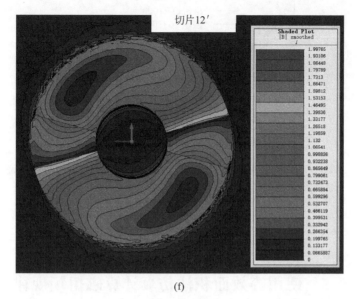

(f)

图 5-16　（续）

5.4　不同相对转速下的磁扭矩-相对转角特性曲线

当驱动磁盘和输出磁盘相对转速较小时,变化磁场在硅钢片中产生的涡流也较小,由此产生的附加磁扭矩也较小,因而磁扭矩平均值增加量也小。而由于钕铁硼永磁体是粉末冶金制作而成,本身电阻率大使得感应电流小。那在相对转速改变时,系统的磁扭矩-相对转角特性也将发生改变,但具体的改变程度需要进一步讨论清楚,且不同相对转速引起的附加扭矩使得系统具有变矩效果。设定不同转速时的磁扭矩-相对转角特性曲线如图 5-17 所示[70],在相对转速分别为 200°/s、1000°/s 时,尽管两个转速相差较大,但磁扭矩只是稍微变化,究其原因有两个:一个是永磁体本身磁导率高;另一个是硅钢片离相对移动的永磁体距离大,所以产生的涡流较小。当然这也与相对转速不高有很大关系,如果提高相对转速到 10000°/s,则磁扭矩平均值大幅提高。通过关于相对转速的分析可知,在采用多挡位变速器时,由于降低了换挡时的转速差,因而产生的涡流较小,可以考虑使用电工纯铁代替硅钢片,有效降低成本。也可以局部加厚铁心,减小驱动磁盘和输出磁盘之间的大气隙尺寸,提高系统扭矩密度。

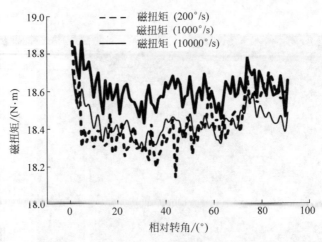

图 5-17　不同转速下的磁扭矩-相对转角曲线

5.5　使用等效面积法仿真计算磁扭矩规律

上述分析从系统各个参数进行了讨论,可以看出为获得平稳磁扭矩-相对转角特性,异形永磁体的替代内圆弧是非常重要的,即异形永磁体和扇形永磁体匹配实现了驱动磁盘和输出磁盘间的磁场连续变化。但是磁通量密度分布情况非常复杂,且会随相对转角转动发生变化,难以在磁扭矩-相对转角特性和系统结构参数之间建立简单的计算公式。着眼于图 5-12 和图 5-13 及其分析,尝试使用等效面积法,构建系统结构参数和磁扭矩-相对转角特性之间的联系。该等效面积需要和各部分永磁体引起的磁扭矩有关,下面详细介绍建立联系的过程。异形永磁体侧面积的计算借助图 5-18,内偏心圆弧上各个点与 O 点的距离用 R_4 表示,使用余弦定理建立偏心圆弧坐标 X、偏心圆弧半径 R_3、R_4、R_4 与横轴的夹角 γ 之间关系的公式:

$$R_3^2 = X^2 R_4^2 - 2XR_4\cos\gamma \tag{5-1}$$

获得 R_4 的计算公式如下所示:

$$R_4 = X\cos\gamma + \sqrt{X^2\cos^2\gamma - (X^2 - R_3^2)} \tag{5-2}$$

根据前面的分析确定 $X = 12\text{mm}$,$R_3 = 35\text{mm}$,可以计算获得 R_4 的值。

为获得等效面积的计算方法,特作出异形永磁体和扇形永磁体相对转角为 0°的图 5-19,设扇形永磁体的对称线为分界线,该分界线将异形永磁体和 N 极扇形永磁体的正对面积分为两个部分,正向磁扭矩区域 S_2 标记为洋红色,反向磁扭矩区域 S_1 标记为绿色。用蓝色标记异形永磁体和 S 极扇形永磁体的正对面积 S_4,这部分较小面积为正向磁扭矩区域。用黄色标记异形永磁体正对两个扇形永磁体之间的空隙区域 S_3,对应为正向磁扭矩区域。异形永磁体和扇形永磁体相对转角为 90°时见图 5-20,也划分为 4 个区域,其中绿色区域 S_5 为

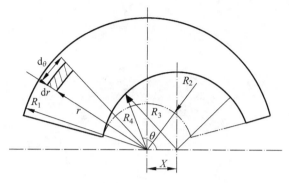

图 5-18　替代内圆弧方案的参数图示

反向磁扭矩区域。在图 5-19 和图 5-20 中,假设输出磁盘异形永磁体固定,驱动磁盘中的两块扇形永磁体逆时针转动,相对转角范围为 $[0°,90°]$,根据前面研究确定异形永磁体的圆心角为 $150°$,确定计算等效面积的角度范围为 $[15°,165°]$。用 S_1、S_2、S_3、S_4 和 S_5 表示各个等效面积,用以和磁扭矩-相对转角特性建立联系,计算对应的磁扭矩,用 S 表示总等效面积,它们的关系为

$$S = -S_1 + S_2 + S_3 + S_4 - S_5 \tag{5-3}$$

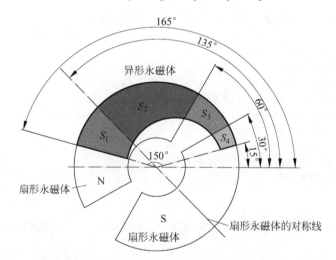

彩图 5-19

图 5-19　异形永磁体与扇形永磁体的初始相对位置

异形永磁体各个微元面积用 $r\mathrm{d}\theta\mathrm{d}r$ 表示(见图 5-18),微元面积所处位置引发的磁力也产生不同的磁扭矩,多次试验计算后确定等效面积积分函数为 $r^{1.8}\mathrm{d}\theta\mathrm{d}r$,计算结果和仿真结果较接近,则等效面积的计算公式为

$$S = \int_{X\cos\gamma+\sqrt{X^2\cos^2\gamma-(X^2-R_3^2)}}^{R_1} \int_{\pi/4}^{3\pi/4} r^{1.8}\mathrm{d}\theta\mathrm{d}r \tag{5-4}$$

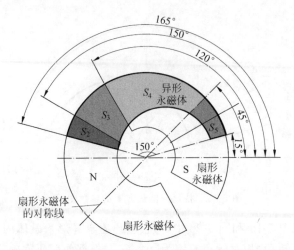

图 5-20　异形永磁体与扇形永磁体的最大相对转角位置

积分公式变下限式子由式(5-2)确定,由于积分公式出现变下限表达式,特借助 MATLAB 的 integral2( )函数对变下限二重积分进行计算[71],获得等效面积值。其积分程序代码如下:

```
% 被调用的子程序,实现根据传递来的参数进行积分计算等效面积:
function S = xunhuai20200502(f,a,b)                    % 定义子程序
tic, % 计时开始,便于观察计算时间
fh = 65; % 驱动磁盘和输出磁盘外圆半径
fl = @(x)16 * cos(x) + sqrt(16^2 * (cos(x)).^2 - (16^2 - 39^2));
% 将参数代入,计算具体的 R4,为二重积分的变下限
S = integral2(f,a,b,fl,fh,'RelTol',1e - 20);          % 通过积分函数计算等效面积
toc  % 计时结束,可以观察计算时间长短

% 主程序的一段,用以示例计算各个区域的等效面积
% 计算 S1 区域的等效面积
for i = 1:1:90,
    if i < 30
        S1(i) = xunhuai20200502(f,pi/12,pi/4 - i * pi/180);  % 调用子程序以计算等效面积
    else
        S1(i) = 0;                                  % 该区域等效面积为 0,使程序更严谨
    end
end
% 计算 S2 区域的等效面积
for i = 1:1:90,
    if i < 30
        S2(i) = xunhuai20200502(f,pi/4 - i * pi/180,2 * pi/3 - i * pi/180);
% 调用子程序以计算等效面积
    else
```

```
         S2(i) = xunhuai20200502(f,pi/4 - (i-1) * pi/180,2 * pi/3 - (i-1) * pi/180);
%  调用子程序以计算等效面积
      end
 end


%计算 S_3 区域的等效面积
for i = 1:1:90,
     S3(i) = 0.5 * xunhuai20200502(f,2 * pi/3 - (i-1) * pi/180,5 * pi/6 - (i-1) * pi/180);
                                                      %数值积分直接计算
end
%计算 S_4 区域的等效面积
for i = 1:1:90,
       if i < 60
       S4(i) = xunhuai20200502(f,5 * pi/6 - (i-1) * pi/180,11 * pi/12);
                                                      %数值积分直接计算
       else
       S4(i) = xunhuai20200502(f,5 * pi/6 - (i-1) * pi/180,11 * pi/12 - (i-61) * pi/180);
                                                      %数值积分直接计算
       end
end
%计算 S_5 区域的等效面积
for i = 61:1:90,
   S5(i) = xunhuai20200502(f,11 * pi/12 - (i-61) * pi/180,11 * pi/12);
                                                      %数值积分直接计算
end
for i = 1:1:60,
   S5(i) = 0;                                         %数值积分直接计算
end
```

异形永磁体各个子区域的等效面积加上扭矩因素后积分计算函数为

$$dS'_i = \int_{X\cos\gamma+\sqrt{X^2\cos^2\gamma-(X^2-R_3^2)}}^{R_1} \int_{\theta_{1i}}^{\theta_{2i}} r^{1.8}\,d\theta\,dr \tag{5-5}$$

用于计算的 MATLAB 程序见附录,等效面积 S'_1、S'_2、S'_3、S'_4、S'_5 和 S' 与相对转角的关系曲线如图 5-21~图 5-26 所示。等效面积 S' 的曲线和需要的磁扭矩-相对转角特性曲线的特性差异加大,因而替换替代外圆弧的方案如图 5-27 所示,R_5 的计算公式如下:

$$R_5 = X\cos\gamma + \sqrt{X^2\cos^2\gamma - (X^2 - R_6^2)} \tag{5-6}$$

积分计算过程和前述过程相近,改变积分下限为固定值,积分可变上限为式(5-6)。

一块异形永磁体被按等效面积划分方法分为 5 部分,组成 5 个磁支路,每个磁支路的永磁体体积、磁阻、气隙磁阻均不同,且伴随相对转角变化,因而用图 5-28 表示其细分磁路。驱动磁盘和输出磁盘的相对转角为 0°时,5 个磁支路中的异形永磁体和扇形永磁体 2 个支路是异名磁极相对为同向叠加磁场,有 2 个支路是同名磁极相对为反向叠加磁场,还有 1 个

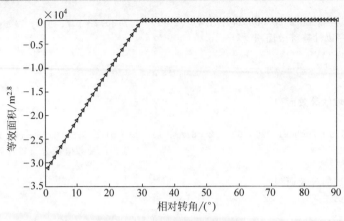

图 5-21　S_1' 的等效面积规律

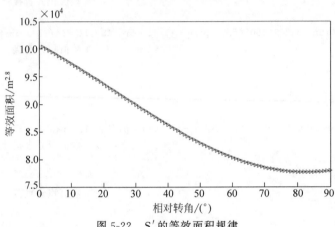

图 5-22　S_2' 的等效面积规律

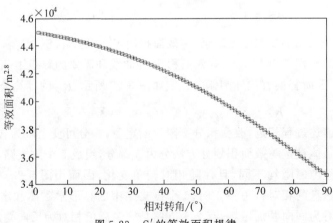

图 5-23　S_3' 的等效面积规律

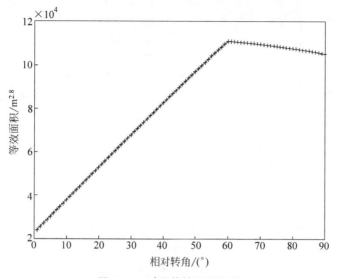

图 5-24　S_4' 的等效面积规律

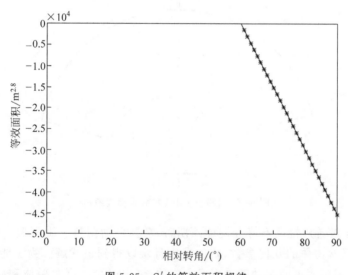

图 5-25　S_5' 的等效面积规律

支路是仅有异形永磁体,可见系统磁路复杂且存在时变。由于磁通量为无散量,每条磁力线都遵循磁路欧姆定律,但如果要计算每条磁力线是不可行的,因而将特性相近的区域合并为一个磁支路,在单个磁支路中再进一步细分以尽量逼近其真实状况,该思路和神经网络模型的特征符合,因此拟建立神经网络模型来优化计算磁扭矩-相对转角特性。

　　建立三维模型,导入专业电磁场软件能得到磁扭矩-相对转角特性曲线,但是这类软件没有参数化设计的功能,即不能根据仿真结果自动修改三维模型参数和自动优化参数的功

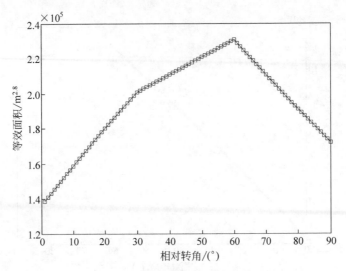

图 5-26　S' 的等效面积和的规律

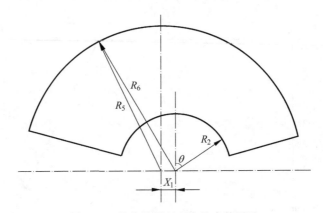

图 5-27　替代外圆弧方案的参数图示

能。当磁扭矩-相对转角特性不符合设计预期时,需要手动调整三维模型参数,也就是驱动磁盘、输出磁盘及永磁体的几何参数,费时费力且难以得到最优解。为了能根据磁扭矩-相对转角特性快速得到要求的驱动磁盘扇形永磁体、输出磁盘异形永磁体和硅钢片的结构参数,拟采用 BP 神经网络模型建立映射关系以实现该目标。在某一时刻的磁扭矩 $T(t)$ 用式(5-7)计算,其中,w_{ij} 表示各个局部细分区域磁场的强度指数权,ε 为阈值,即大于一定数值的磁扭矩才为有效值,较小的磁扭矩忽略不计。

$$T(t) = f\left(\sum_{i=1}^{n}\sum_{j=1}^{m} w_{ij} x_{ij}(t) - \varepsilon\right) \tag{5-7}$$

用多输入 x_{ij} 表示 5 个异形永磁体的不同区域的磁场,$i = 1,2,3,4,5$;j 为某一区域再细分的各个位置分布的不同磁场数,为了更加精确计算,选择输入层节点数为区域数的 10 倍,即为 50 个输入数,使输入数据更好地表征各个区域的特点。隐含层网络极点数选择 15,输出层网络极点数为 23,也是经过多次尝试后得到的数据。

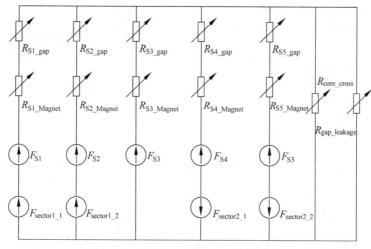

图 5-28　永磁滑差离合器的细分磁路图

为确定 5 个区域的等效面积和磁扭矩-相对转角特性之间的对应关系,获得映射关系,建立 BP 网络模型进行仿真,得到等效面积与输出扭矩之间的转换矩阵,即训练好的网络。建立的 BP 网络模型[72]如图 5-29 所示。以若干个有平稳磁扭矩-相对转角特性的等效面积数组为输入,传递函数选 tansig,训练函数选 traincgb,输入层设置 19 个节点,设置 2 个隐含层,第一隐含层设置 50 个节点,第二隐含层设置 15 个节点,输出层设置 23 个节点,输出为对应特定相对转角的磁扭矩和异形永磁体结构参数。

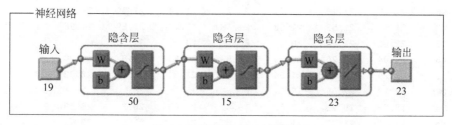

图 5-29　搭建的 BP 网络模型

用于网络训练的模型数据为等效面积对应相对转角的数据,用 P 表示,选择[0°—90°]之间的 19 个点进行计算,分为 8 组 152 个数据。输出矩阵 T 为 8 组数据,每组数据分为 3 部分,前 19 个数据为对应相对转角的磁扭矩,该数据使用 MagNet 软件进行仿真计算获得,第 20、21 行的数据为对应异形永磁体的厚度和硅钢片厚度,第 22、23 行数据为对应异形永磁体偏心圆弧的偏心距和偏心圆弧半径。P 矩阵数据如下:

[53123.10　57330.77　61330.59　65137.29　68770.77　72255.92　75305.65
77031.67　78741.29　80453.81　82188.59　83964.46　85798.97　80706.73
75716.72　70843.50　66098.79　61491.44　57027.53;
64114.54　69911.31　75524.23　80967.49　86259.51　91422.72　95997.34
98579.44　101147.85　103718.91　106309.01　108934.02　111608.74　105803.25
100089.94　94482.83　88993.74　83632.32　78406.05;
64256.28　69736.41　75004.87　80077.60　84975.54　89724.36　93913.47
96283.01　98636.54　100993.13　103371.91　105791.42　108268.95　102278.03
96392.51　90628.08　84997.83　79512.17　74178.97;
64434.17　69579.82　74483.52　79163.04　83642.01　87949.63　91727.78
93870.28　95994.17　98121.53　100274.51　102474.59　104741.82　98553.34
92484.66　86553.28　80773.59　75156.84　69711.18;
42437.59　47248.78　52010.69　56727.51　61404.41　66047.52　70208.54
72535.79　74859.53　77183.88　79512.98　81850.82　84201.16　80915.02
77654.59　74424.12　71227.40　68067.72　64947.89;
42497.65　46973.65　51373.65　55703.68　59971.45　64186.29　67950.39
70060.14　72164.29　74269.55　76382.54　78509.75　80657.19　77179.74
73740.71　70346.08　67000.95　63709.57　60475.33;
52855.85　57491.68　61959.73　66272.37　70446.02　74500.95　78082.15
80102.45　82109.88　84119.72　86147.29　88207.47　90314.12　85477.23
80723.49　76065.09　71512.08　67072.32　62751.57;
53229.88　57286.38　61120.49　64747.72　68189.24　71471.61　74331.96
75952.90　77556.14　79162.42　80792.61　82466.99　84204.46　79021.27
73947.27　68997.84　64185.32　59518.89　55004.71]'

T 矩阵数据如下：

[22.76　20.26　20.24　20.14　20.06　19.95　19.90　19.86
19.78　19.79　19.79　19.78　19.78　19.79　19.84　19.83
19.86　19.83　19.70　10.5　7　15.5　38.5;
22.96　21.17　21.19　21.21　21.22　21.24　21.30　21.36
21.43　21.52　21.53　21.62　21.68　21.79　21.89　21.96
22.03　22.11　21.94　10　8　14　37;
21.46　20.04　20.26　20.39　20.53　20.65　20.8　21.00
21.13　21.29　21.42　21.54　21.7　21.84　21.92　22.02
22.07　22.13　22.07　10　8　15　38;
19.93　18.89　19.23　19.52　19.81　20.03　20.33　20.59
20.85　21.09　21.31　21.48　21.69　21.84　21.98　22.11
22.21　22.27　22.20　10　8　16　39;
10.69　9.85　9.93　9.96　9.95　9.94　9.94　9.93
9.94　9.94　9.92　9.93　9.93　9.95　9.95　9.94
9.93　9.87　9.60　10.5　6　8　28;
8.99　9.29　9.69　9.98　10.20　10.38　10.55　10.69
10.80　10.91　10.99　11.06　11.12　11.16　11.19　11.19
11.17　11.08　10.91　10.5　7　10　30;
20.04　18.27　18.47　18.60　18.76　18.87　19.02　19.13

19.28	19.39	19.52	19.62	19.74	19.80	19.90	19.99
20.04	20.04	19.91	10.5	7	14	37;	
20.04	18.28	18.47	18.61	18.74	18.86	19.01	19.13
19.26	19.39	19.51	19.59	19.73	19.82	19.89	19.99
20.02	20.02	19.89	10.5	7	16	39]'	

BP 网络模型程序的关键设置语句如下：

```
NodeNum = 50;                    % 第一隐含层节点数，为 50;
TypeNum = 23;                    % 输出维数 23;
Epochs = 1000;                   % 训练次数 1000;
TF1 = 'tansig';TF2 = 'purelin';  % 设置传递函数;
net = newff(minmax(P),[NodeNum 15 TypeNum],{TF1 TF1 TF2},'trainlm'); % 建立双层 BP 网络,第二
```
隐含层的节点数为 15,第一隐含层、第二隐含层和输出层的传递函数分别为：tansig、tansig 和
purelin,学习算法为 trainlm,即 Levenberg-Marquardt 算法[73]。

图 5-30～图 5-32 为训练状态的过程显示,分别为 BP 神经网络的性能图、训练状态和回归分析。使用该算法仅仅 7 步就完成了网络训练,而最好的误差为 0.008556,已经满足计算要求。选择训练函数 trainlm(Levenberg-Marquardt BP 训练函数),能达到需要的精度。

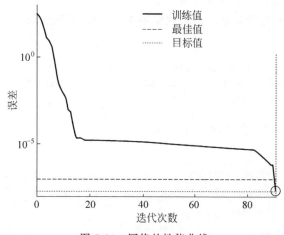

图 5-30　网络的性能曲线

第一隐含层的节点数为 50,第二隐含层的节点数为 15,输入层到隐含层、隐含层到输出层的权值矩阵及其阈值保存于训练好的 BP 网络模型中,用于后续的映射验证和异形永磁体的参数优化。设置双层隐含层的目的是获得更好的映射效果,因为在仿真计算过程中设置单层隐含层的效果不理想,而设置双层隐含层后能快速收敛,且训练好的模型再次调用时效果比较好。

用于测试的模型结构参数为：异形永磁体厚度 10.5mm,硅钢片厚度 7mm,偏心距16mm、偏心圆弧半径 39mm。其等效面积对应相对转角的输入数据用 P_1 表示,选择[0°—90°]

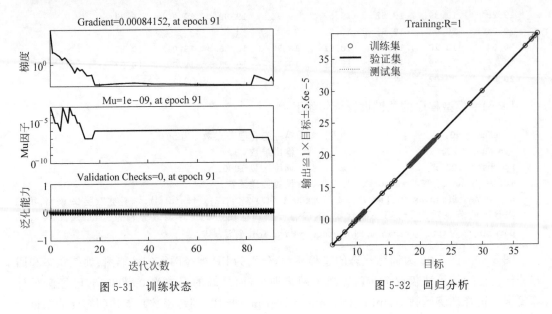

图 5-31   训练状态   图 5-32   回归分析

之间的 19 个点进行了计算,19 个点中每个点间隔的角度为 5°,即 90°被分成了 18 份,能够精确表达数据与模型之间的联系。测试数据用 P_1 表示,如下所示:

P_1 =
[53653.79   57688.66   61502.56   65111.57   68537.43   71807.23   74658.54   76274.31
77876.48   79485.88   81123.32   82808.86   83159.92   77997.2   72946.97   68024.05
63240.11   58603.72   55004.71]

测试的输出结果用 T_1 表示,结果如下:

T_1 =
[23.05   21.03   21.25   21.40   21.55   21.69   21.87   22.00
22.15   22.31   22.44   22.54   22.69   22.79   22.88   22.99
23.03   23.02   22.88];

仿真计算的数据值为

T_magnet =
[21.09   21.39   21.62   21.78   21.96   22.12   22.32   22.38
22.58   22.70   22.89   22.95   23.11   23.21   23.38   23.45
23.50   23.53   23.41   10.50   7.00   16.00   39.00];

测试输出结果与仿真输出结果前 19 个数字的差值为

T_difference = T1 − T_magnet = [1.95, − 0.37, − 0.36, − 0.37, − 0.41, − 0.43, − 0.45, − 0.38, − 0.43, − 0.39, − 0.45, − 0.42, − 0.43, − 0.41, − 0.50, − 0.46, − 0.48, − 0.51, − 0.53];

最大差值为第一个点,认为是异常点,其余差值的绝对值最大为 0.51N·m,小于 3%。测试输出的异形永磁体厚度为 10.5003、硅钢片叠厚为 7.0003、偏心圆弧的 X 值为 16.0001、偏心圆弧的半径为 39.0012,与测试仿真模型的结构参数非常接近,认为训练后的 BP 神经网络可行,该网络为后续优化提供支撑,T_1 和 T_magnet 数值结果如图 5-33 所示。

采用等效面积法细分磁路为 8 个磁支路,通过 BP 神经网络建立等效面积和磁扭矩-相对转角特性之间的联系,并获得异形永磁体的参数,为后续优化做准备。由于训练样本数不足,多次仿真尝试后才获得相对满意的结果,后续需大幅提高样本数。

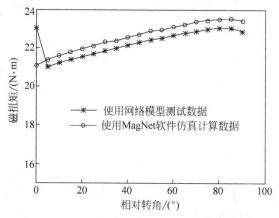

图 5-33　网络输出数据与仿真计算数据曲线

5.6　异形永磁体参数的遗传算法极值寻优

上一节利用训练后的 BP 神经网络预测在输入预设的等效面积时,得到相应的系统部分参数,图 5-34 为流程图[74],上一节完成拟合,本节研究遗传算法对其进行极值寻优。随机产生的多组等效面积很难全部符合要求,故采用遗传算法从中挑选合适的数组。由于驱动磁盘的结构参数可预先给定,主要是确定输出磁盘中的异形永磁体参数,因而主要对输出磁盘结构参数优化。使用遗传算法随机产生多组等效面积数据,依据适应度挑选其中合适的组,对这些数据组进行交叉和变异操作,补充后填补被舍弃组,得到全局最优等效面积数组,最后获得相应的磁扭矩-相对转角特性和输出磁盘的结构参数。

产生 5000 个在约束范围内的随机等效面积数据组,每组有 19 个数据,输出每组有 23 个数据,其中第 1~19 个数据为对应不同相对转角的磁扭矩,第 20~23 个数据分别为异形永磁体厚度、安装于异形永磁体一侧的硅钢片厚度、偏心圆弧偏心距和偏心圆弧半径等输出磁盘数据。前 19 个数据的标准差关系到系统磁扭矩平稳性,第 22 个数据偏心圆弧偏心距是异形永磁体最关键的一个参数,个体适应度选择这两个因素,即较小的标准差使得磁扭矩-相对转角特性平稳,较大的偏心圆弧偏心距使得永磁体侧面积小,进而系统扭矩密度高,

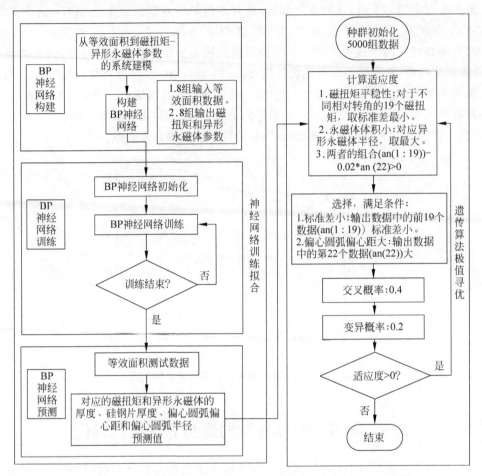

图 5-34   使用遗传算法极值选优获取最优等效面积数据组的流程图

适应度函数如下：

```
fitness = var(an(1:19)) - 0.02 * an(22);      % 对应19个磁扭矩最小化均方差,偏心距最大化以
获得最小的永磁体体积,权重为 0.02,两者的差值为适应度函数。
```

遗传算法的交叉概率取 0.4,变异概率取 0.2。图 5-35 为适应度曲线,3 次进化后达到寻优目标。

采用遗传算法进行极值寻优后,得到的磁扭矩-相对转角数据如下：

```
T_genetic = [21.15 18.58 18.91 18.95 18.60 18.66 18.19 18.58 18.43 17.99 18.43 18.46 17.94
18.53 18.45 17.81 17.94 18.97 17.94];
```

第 1～19 个数的平均值为 18.55,标准差为 0.72。由于第一个点偏离较大,舍弃相对转角 0°～5°对应的数值,则平均值为 18.41,标准差为 0.37。

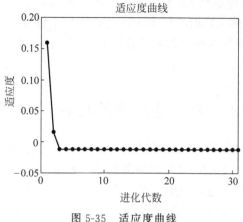

图 5-35　适应度曲线

获得的输出磁盘的结构参数如下：异形永磁体厚度 10.80，硅钢片厚度 6.43，偏心圆弧偏心距 13.96，偏心圆弧半径 36.09。使用寻优获得的参数建立系统仿真模型，利用MagNet 仿真计算得：

T_N38H = [22.76, 20.26, 20.24, 20.14, 20.06, 19.95, 19.90, 19.86, 19.78, 19.79, 19.79, 19.78, 19.78, 19.79, 19.84, 19.83, 19.86, 19.83, 19.75]

仿真计算数据和优化后的磁扭矩-相对转角特性如图 5-36 所示。舍弃偏离平均值较大的相对转角 0°～5°对应的数值，则数组平均值为 19.90，标准差为 0.16。对照仿真数据偏离平均值最大为 0.3573，偏离平均值的最大百分比为 1.8%。优化后的结果与仿真验证数据关联性好。由图 5-36 可以看出，优化的数据和仿真计算的验证数据还有一些差距。在波动

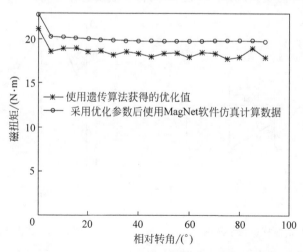

图 5-36　优化后的数据和仿真计算的验证数据

程度上优化数据比仿真验证数据大,平均值比仿真验证数据小 1.4923,标准差大 0.2036。这与 BP 神经网络模型的输入数据的量和数据的长度均不够有关,后续研究中需要增加数据量和数据长度,例如将每次参数优化后的验证数据,再加入 BP 神经网络模型的输入数据中。同时本试验只使用了 5 个区域的等效面积,需要再细分等效面积,可以提高优化精度。

5.7　输出精确正弦规律的双曲柄连杆机构[75]

本机构主要测试输出磁盘和驱动磁盘相对往复转动时的磁扭矩,其正向或反向转动时相对转速的速度-时间规律和角度-时间规律类似于正弦曲线规律。为获得具有这种性能的试验驱动机构,首先考虑曲柄连杆机构。但中心曲柄连杆机构将匀速旋转运动转变为往复直线运动时,输出的往复直线运动位移-时间、速度-时间特性曲线不是标准的正弦规律。图 5-37 所示的中心曲柄连杆机构在曲柄匀速转动时,连杆端部的行程 $x(\alpha)$ 与曲柄转角满足如下关系:

$$x(\alpha) = R\left[1 - \cos\alpha + \frac{\lambda}{4}(1 - \cos2\alpha)\right] \tag{5-8}$$

式中:$x(\alpha)$——连杆端部行程,mm;

　　　R——连杆长度,mm;

　　　α——曲柄转角,rad;

　　　λ——曲轴与连杆的长度之比。

其速度-时间特性曲线如图 5-38 所示,为二级简谐运动,即一级谐波和二级谐波曲线的合成曲线为实线所示的输出速度曲线,前半周期的波峰在 1s 前,后半周期的波谷在 3s 后,且幅值增大,不是标准的正弦规律。速度-时间特性曲线也存在类似问题。

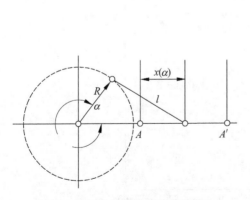

图 5-37　中心曲柄连杆机构示意图

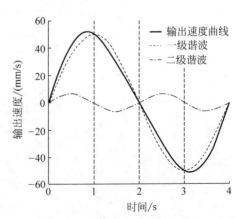

图 5-38　速度-时间特性曲线

因而提出一种双曲柄连杆机构,该机构具有输出高精度正弦波形的功能,其结构方案如

图 5-39 所示。两组曲柄连杆机构平行布置并固定安装,电动机驱动第一曲柄,第二曲柄通过锥形齿轮机构反向输入第一个曲柄的功率,这样第一曲柄和第二曲柄同轴安装,两者转速相反,相位相差 180°。第二曲柄连杆机构的输出杆包含扩展杆,和其连杆端点具有同样的速度。可见两个曲柄转速相同且相位差固定,两个连杆的端点连接速度平均机构,输出为精确输出杆,精确输出杆中点与两个连杆端点等长,由精确输出杆对两输出速度进行平均,从而使中点处连接精确输出杆能输出高精度正弦规律激励。在精确输出杆上安装齿轮齿条机构,即能获得具有正弦规律的往复速度和往复转角的试验驱动机构[76]。

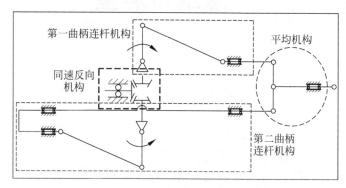

图 5-39　双曲柄连杆机构结构方案

5.8　本章小结

制作试验样机后测量了磁扭矩-相对转角特性,其结果与仿真结果接近,证明输出磁盘上带偏心圆弧的永磁体和驱动磁盘上扇形永磁体按设计的参数进行制作,能输出平稳的磁扭矩。为进一步研究磁扭矩-相对转角特性变化的内因,仿真模拟不同位置的磁通量密度和磁力线三维分布情况,仿真结果显示了磁通量密度的变化情况。退磁特性仿真研究表明,选择合适的永磁材料和磁路参数能有效避免退磁。为观察相对转速对磁扭矩-相对转角特性的影响,仿真分析了在三种不同转速下的磁扭矩-相对转角特性,结果显示磁扭矩-相对转角特性曲线平均值有变化,但平稳性变化不大,表明系统有弱变矩特性,这有利于在滑差传动时提高机构的传动效率。通过 BP 神经网络映射和遗传算法极值寻优,获得了平稳的磁扭矩-相对转角特性。为能更好地进行试验,提出了双曲柄连杆机构以得到精确正弦规律的速度和位移激励。

第**6**章 ▶ 总结与展望

6.1　总　　结

连接发动机与变速器之间的传动部件的性能,对汽车的换挡平顺性具有较大的影响,减弱换挡时产生的顿挫感,提高乘坐舒适性是驾乘人员、车企和汽车研究者共同的追求。为进一步满足这些要求,本课题提出的永磁离合器具有联轴器和滑差传动两种模式,可以和摩擦离合器或液力变矩器配合工作,在换挡时工作于滑差传动模式,能有效减弱换挡的顿挫感以提高换挡品质,在连续传动时工作于联轴器模式,具有传动效率高的特点。工作于滑差传动模式的关键在于磁扭矩的平稳性,针对该关键点,本课题进行了深入研究,主要依据毕奥-萨伐尔定理和安培环路定理,提出基于临界位置的等效面积法,以某一磁扭矩为目标,获得异形永磁体的形状参数,得到滑差传动时平稳的磁扭矩特性,为永磁滑差传动机构的设计和应用提供参考。

主要研究内容:

(1) 在查阅大量关于自动变速器、永磁材料和永磁传动技术的国内外文献的基础上,为解决永磁滑差传动时保持磁扭矩波动小的问题,提出永磁体稀疏排列、永磁体叠加和具有偏心圆弧永磁体的三种永磁滑差传动方案,应用场论和静磁场知识,建立磁扭矩-相对转角特性的计算模型,使用 MATLAB 和 MagNet 软件进行仿真计算,制作实物后进行试验验证,比较三种方案的磁扭矩-相对转角特性,同时考虑装置的成本、体积和制作难易程度,最终确定采用可进一步优化的带偏心圆弧永磁体方案。

(2) 根据前期试验结果固定扇形永磁体的外径、内径和扇形角,改变硅钢片的叠片数量和偏心圆弧的圆心坐标与半径大小,通过 MagNet 软件进行磁扭矩仿真,计算出硅钢片数量和异形永磁体参数,优化参数后获得了相对转角在 0°～90°范围内,磁扭矩最大偏离平均值在 2%以内的平稳磁扭矩特性。

(3) 对仿真计算结果和试验验证结果进行了磁通量密度和磁力线的分析,结合毕奥-萨伐尔定理和安培环路定理,研究得出永磁体间磁场力的三维矢量积分表达式,得到基于临界位置的等效面积法,为理论优化磁扭矩特性提供了一种新的解决方法。

(4) 研究磁扭矩特性在不同相对转速下的仿真结果,得出机构具有弱变矩特性,该性能提高了系统的传动效率;对永磁体在整个相对转角范围内进行了退磁性能仿真试验,得到可用牌号的永磁体材料。

主要创新点:

(1) 依据场论知识和静磁场知识,提出了基于临界位置的等效面积法,运用 BP 神经网络获得快速计算大间隙排列永磁体之间的磁扭矩-相对转角特性的计算模型,能快速获得永磁滑差传动机构的参数;

(2) 提出了用偏心圆弧替代扇形永磁体内圆弧的方案,得到一种异形永磁体,和扇形永磁体组合使用时能获得平稳的磁扭矩-相对转角特性;

(3) 研究得到了具有平稳磁扭矩-相对转角特性的永磁滑差传动机构,应用于汽车传动时能有效提高换挡品质。

6.2　展　　望

利用基于临界位置的等效面积法的解析式,可以进一步优化永磁滑差传动机构的参数和性能,并且可以在一定范围内变换目标磁扭矩,以适应不同应用场合的需要。限于时间和作者的水平,目前提出的方法还有一些不完善之处。目前永磁材料和永磁传动技术发展较快,本研究成果需要进一步深入,以适应该领域技术的进步,今后可以在以下两个方面进行深入研究:

(1) 完善优化计算的计算方法,考虑硅钢片中磁场的复杂变化情况,在提取仿真计算的结果后能快速进行优化计算;

(2) 提出永磁材料选择评价指标,使得磁扭矩密度和退磁性能均达到较好的水平。

参 考 文 献

[1] 葛安林.车辆自动变速理论与设计[M].北京：机械工业出版社,1993.

[2] 戴振坤,刘艳芳,徐向阳,等.液力自动变速器传动系统建模与换挡特性仿真[J].北京航空航天大学学报,2012,8(38):1027-1031.

[3] 冯杰,李江天,严岿.基于生物力学与感性工学分析的汽车换挡性能主观评价体系研究[J].汽车技术,2018(1):45-50.

[4] 宋世欣,张元侠,刘科,等.双离合器自动变速器控制品质评价指标分析[J].汽车工程,2015(8):69-74,102.

[5] Schoeftner J,Ebner W. Simulation model of an electrohydraulic-actuated double-clutch transmission vehicle:Modelling and system design[J]. Vehicle System Dynamics,2017,55:1865-1883.

[6] Elzaghir W,Zhang Y,Natarajan N,et al. Model reference adaptive control for hybrid electric vehicle with dual clutch transmission configurations[J]. IEEE Transactions on Vehicular Technology,2017,67(2):991-999.

[7] Oh J J,Choi S B. Real-time estimation of transmitted torque on each clutch for ground vehicles with dual clutch transmission[J]. IEEE-ASME Transactions on Mechatronics,2015,1(20):24-36.

[8] Koos van Berkel,Theo H,Alex S,et al. Fast and smooth clutch engagement control for dual-clutch transmissions[J]. Control Engineering Practice,2014(22):57-68.

[9] 于英,肖棒,彭耀润,等.双离合器自动变速器换挡控制策略研究[J].重庆交通大学学报(自然科学版),2015,4(34):151-155.

[10] 赵治国,杨云云,陈海军,等.干式DSG预换挡过程分析及拨叉轴位置伺服控制[J].中国公路学报,2015,28(10):120-128.

[11] 王书翰,杨帅,王家琪,等.自动变速器静态换挡充油特性分析及优化控制[J].汽车工程学报,2017,7(1):37-43.

[12] Lars E,Xavier L. Robustness analysis of dual actuator EGR controllers in marine two-stroke diesel engines[J]. Journal of Marine Engineering & Technology,2020,1(19):17-30.

[13] Gerasimos T,Sokratis S,Victor B,et al. Simulation-based investigation of a marine dualfuel engine [J]. Journal of Marine Engineering & Technology,2020,1(19):5-16.

[14] Ghulam M,Aamir I B,Yasir A B. Unified FDI and FTC scheme for air path actuators of a diesel engine using ISM extended with adaptive part[J]. Asian Journal of Control,2020,1(22):117-129.

[15] 高金武,刘志远.换挡过程中发动机转矩控制的研究[J].汽车工程,2012,8(34):669-674.

[16] 万国强,李克强,罗禹贡.AT升挡过程发动机协调控制的试验研究[J].汽车工程,2015,37(9):1017-1021.

[17] 高耸,袁跃兰,陈漫,等.发动机转速调节对DSG滑摩过程的影响研究[J].汽车工程学报,2016(6):397-403.

[18] 常佳男,孙保群,姜明亮,等.双离合自动变速器换挡冲击度分析[J].机械传动,2017,(9):57-63,81.

[19] 武达,孙涛,李和言,等.蓄能器对两挡行星变速器换挡动态特性的影响[J].汽车技术,2015(6):19-24.

［20］ 韩鹏,程秀生,李兴忠,等.基于传动系一体化控制的 DSG 换挡规律研究［J］.汽车工程,2015(5)：52-57.

［21］ 夏扩远,孙保群,常佳男,等.复合式静压-机械传动变速器换挡品质研究［J］.机械传动,2018,3(42)：32-36.

［22］ 郑昌舜.主流 E-CVT 动力分流混动变速器简析［J］.传动技术,2016,4(30)：18-28.

［23］ 林昌华,杨岩.CVT 轮系传动机构设计［J］.机械传动,2005,4：34-36.

［24］ 黄向东,张小琴.功率分液双向汇流的新型复合无级变速系统［J］.华南理工大学学报(自然科学版),2002,30(11)：106-112.

［25］ 陈东升,刘化雪.IVT 机构的传动特性分析［J］.机械研究与应用,2005(1)：44-46.

［26］ 徐向阳.自动变速器行星变速机构方案优选理论与方法［M］.北京：机械工业出版社,2018.

［27］ Kim Y K,Kim H W,Lee I S,et al. A speed control for the reduction of the shift shocks in electric vehicles with a two-speed AMT［J］. Journal of Power Electronics,2016,4(16)：1355-1366.

［28］ Walker P,Zhu B,Zhang N. Powertrain dynamics and control of a two speed dual clutch transmission for electric vehicles［J］. Mechanical Systems and Signal Processing,2017,2(85)：1-15.

［29］ 肖力军,王明,钟志华,等.两挡 AMT 纯电动汽车换挡协调控制及试验研究［J］.湖南大学学报(自然科学版),2019,46(2)：10-18.

［30］ 姜建满,赵韩,赵晓敏.AMT 自动离合器的变论域模糊控制［J］.汽车工程,2016,9(38)：1080-1085.

［31］ 叶杰,赵克刚,黄向东,等.纯电动汽车无动力中断二速变速器的电机协调换挡控制［J］.汽车工程,2016,38(8)：989-995.

［32］ 何雄,张农,孔国玲.基于动态滑模算法的 AMT 选换挡电机控制［J］.中国机械工程,2016,27(10)：1414-1419.

［33］ 黄斌,吴森,付翔,等.电驱动机械式自动变速器换挡过程研究［J］.汽车技术,2015,(7)：18-23.

［34］ Matthew C G,Matthew J,et al. Analysis of high gear ratio capabilities for single-stage,series multistage,and compound differential coaxial magnetic gears［J］. IEEE Transactions on Energy Conversion,2019,6(34)：665-672.

［35］ Oleg M,Pavel D,Sergey O. A novel double-rotor planetary magnetic gear［J］. IEEE Transactions on Magnetics,2018,11(54)：8107405-8107410.

［36］ Mauro A,Fabio G,Andrea T. Design of an axial-type magnetic gear for the contact-less recharging of a heavy-duty bus flywheel storage system［J］. IEEE Transactions on Industry Applications,2017,4(53)：3476-3484.

［37］ 付兴贺,王标,林明耀.磁力齿轮发展综述［J］.电工技术学报,2016(31)：1-12.

［38］ 刘美钧,包广清,候晨晨,等.磁场调制型磁齿轮动态性能分析［J］.机械传动,2017(3)：26-31.

［39］ 郝秀红,袁晓明,张鸿飞,等.考虑构件偏心时磁场调制型磁齿轮传动系统的主共振［J］.机械设计,2015,12(32)：22-27.

［40］ 井立兵,章跃进,李琛,等.Halbach 阵列同心式磁力齿轮磁场分析与优化设计［J］.中国电机工程学报,2013,33(21)：163-169,206.

［41］ Zhan Y,Ma L B,Wang K,et al. Torque analysis of concentric magnetic gear with interconnected flux modulators［J］. IEEE Transactions on Magnetics,2019,6(55)：8103904-8103908.

［42］ Kang H B,Choi J Y. Parametric analysis and experimental testing of radial flux type synchronous permanent magnet coupling based on analytical torque calculations［J］. J Electr Eng Technol,2014,3(9)：926-931.

[43]　Johnson M，Gardner M C，Toliyat H A. A parameterized linear magnetic equivalent circuit for analysis and design of radial magnetic gears_Part I：Implementation[J]. IEEE Trans Energy Convers，2018，33（2）：784-791.

[44]　Johnson M，Gardner M C，Toliyat H A. Design comparison of NdFeB and ferrite radial flux surface permanent magnet coaxial magnetic gears[J]. IEEE Transactions on Industry Applications，2017，54（2）：1254-1263.

[45]　Meng Z，Zhu Z N，Sun Y Z. 3D Analysis for the torque of permanent magnet coupler[J]. IEEE Transactions on Magnetics，2014，9：2359851-2359860.

[46]　Gao Z J，Hu C Q，Hong F. A study on the influencing factors and optimization design of combined push-pull magnetic drive coupling [J]. Mathematical Problems in Engineering，2019，6：4243020-4243034.

[47]　Li Y K，Hu Y L，Song B W，et al. Performance analysis of conical permanent magnet couplings for underwater propulsion[J]. Journal of Marine Science and Engineering，2019，7（187）：1-17.

[48]　Cheng B，Pan G. Analysis and structure optimization of radial Halbach permanent magnet couplings for deep sea robots[J]. Mathematical Problems in Engineering，2018，9：7627326-7627337.

[49]　董亮，代翠，孔繁余，等. 400Hz高速磁力泵永磁联轴器磁场特性分析[J]. 机械设计与制造，2014（9）：112-115.

[50]　张建立，邰志恒，李申. 设计参数对盘式异步永磁联轴器转矩的影响[J]. 磁性材料及器件，2015（4）：37-40.

[51]　田杰，徐杰. 混合式永磁联轴器传动转矩计算及传动特性研究[J]. 机械设计与制造，2016（4）：83-87.

[52]　牟红刚，李小宁，朱红玲，等. 永磁型安全联轴器的结构设计与研究[J]. 煤矿机械，2020，1（41）：106-108.

[53]　邹政耀，邹务丰，姜劲，等. 一种磁路异步关联变化式小行程直线发电机：CN2021101328884[P]. 2021-01-29.

[54]　钟文定. 铁磁学[M]. 北京：科学出版社，2017.

[55]　周寿增，董清飞. 超强永磁体-稀土铁系永磁材料[M]. 北京：冶金工业出版社，2004.

[56]　严密，彭晓领. 磁学基础与磁性材料[M]. 2版. 杭州：浙江大学出版社，2019.

[57]　邹继斌，刘宝廷，崔淑梅，等. 磁路与磁场[M]. 哈尔滨：哈尔滨工业大学出版社，1998.

[58]　王以真. 实用磁路设计[M]. 北京：国防工业出版社，2008.

[59]　邹务丰. 一种互生叶序铁心的直线发电机：CN 202310401526X[P]. 2023-04-17.

[60]　刘诗博，邹政耀，付香梅，等. 一种复合气隙磁路的外转子永磁电动机：CN2023102144571[P]. 2023-03-08.

[61]　邹政耀，邹务丰. 一种单永磁体双小气隙低磁阻磁路电动机：CN2022111297321[P]. 2022-09-17.

[62]　邹务丰，邹政耀. 一种分列式轴向-径向气隙复合磁路盘式电动机：CN2022114166312[P]. 2023-02-17.

[63]　葛研军，聂重阳，辛强. 调制式永磁齿轮气隙磁场及转矩分析计算[J]. 机械工程学报，2012，48（11）：153-158.

[64]　肖磊，张海，许宝玉，等. 径向调制永磁齿轮磁极数量对传动特性的影响研究[J]. 机械传动，2019，43（5）：7-11.

[65]　谢颖，吕森. 利用端部漏磁的磁场调制式永磁齿轮[J]. 微特电机，2015（5）：88-91.

［66］ 杨巧玲,包广清,张贝,等.一种圆筒型直线磁力齿轮的设计与优化[J].机械传动,2015(9)：64-68.

［67］ 朱学军,许立忠.永磁行星齿轮传动系统受迫振动分析[J].燕山大学学报,2014(4)：312-319.

［68］ 唐任远.现代永磁电机理论与设计[M].北京：机械工业出版社,2017.

［69］ 邹政耀,吕云嵩,赵伟军,等.螺线式变惯量飞轮的研究[J].机械设计与制造,2014(4)：218-220.

［70］ Zou Z Y,Liu Y. Simulation calculation of the magnetic torque of dual mode permanent magnet transmission based on magnetic circuit analysis[J]. IEEE Access,2019,7：149926-149934.

［71］ 薛定宇. MATLAB 微积分运算[M].北京：清华大学出版社,2019.

［72］ 陈明,等. MATLAB 神经网络原理与实例精解[M].北京：清华大学出版社,2013.

［73］ 张德丰. MATLAB R2017a 人工智能算法[M].北京：电子工业出版社,2018.

［74］ 郁磊,史峰,王辉,等. MATLAB 智能算法 30 个案例分析[M].北京：北京航空航天大学出版社,2015.

［75］ 邹政耀,张瑞,付香梅,等.一种输出精确正弦运动规律的组合曲柄连杆机构：CN2022102225451[P]. 2022-03-09.

［76］ 肖勇,张瑞,邹政耀,等,精确正弦输出特性的复合曲柄连杆机构的研究[J].机械传动,2023,47(10)：43-47.

MATLAB 计算程序代码

```
% 计算子程序
% 磁扭矩 - 相对转角的计算部分
function [ Tzz ] = C( al,au,om1,h,n,hm1,hm2)
% UNTITLED2 此处显示有关此函数的摘要
%    划分磁体程序
k1 = 30/100;                    % 静磁体边界系数
k2 = 20/100;                    % 动磁体边界系数
Ml = 90000;                     % 中心磁化强度
Mh = 100000;                    % 边缘磁化强度
om2 = 75;
Tl1l1 = Ch(al,au,om1 * k1,om2 * k2,h,n,hm1,hm2,Ml,Ml);
Thl1 = Ch(al + om1 * k1,au + om1 * k1,om1 * (1 - 2 * k1),om2 * k2,h,n,hm1,hm2,Mh,Ml);
Tl2l1 = Ch(al + om1 * (1 - k1),au + om1 * (1 - k1),om1 * k1,om2 * k2,h,n,hm1,hm2,Ml,Ml);
Tl1h = Ch(al + om2 * k2,au + om2 * k2,om1 * k1,om2 * (1 - 2 * k2),h,n,hm1,hm2,Ml,Mh);
Thh = Ch(al + om1 * k1 + om2 * k2,au + om1 * k1 + om2 * k2,om1 * (1 - 2 * k1),om2 * (1 - 2 * k2),h,n,
hm1, hm2,Mh,Mh);
Tl2h = Ch(al + om1 * (1 - k1) + om2 * k2,au + om1 * (1 - k1) + om2 * k2,om1 * k1,om2 * (1 - 2 * k2),
h,n, hm1,hm2,Ml,Mh);
Tl1l2 = Ch(al + om2 * (1 - k2),au + om2 * (1 - k2),om1 * k1,om2 * k2,h,n,hm1,hm2,Ml,Ml);
Thl2 = Ch(al + om1 * k1 + om2 * (1 - k2),au + om1 * k1 + om2 * (1 - k2),om1 * (1 - 2 * k1),om2 * k2,
h, n,hm1,hm2,Mh,Ml);
Tl2l2 = Ch(al + om1 * (1 - k1) + om2 * (1 - k2),au + om1 * (1 - k1) + om2 * (1 - k2),om1 * k1,om2 *
k2, h,n,hm1,hm2,Ml,Ml);
Tzz = Tl1l1 + Thl1 + Tl2l1 + Tl1h + Thh + Tl2h + Tl1l2 + Thl2 + Tl2l2;
% 设置各个方案的参数子程序
% 修改各个参数对应不同的方案
hold on
om1 = 45;                       % % 主磁体角度
om2 = 21;                       % 副磁铁的角度
om3 = 45;                       % 叠加磁铁的角度
om1_om2 = 5;                    % 两个磁铁间的角度
hhm1 = 5 * 10^( - 3);           % 磁体厚度(源点)
```

```
hhm1_1 = 5 * 10^( -3);              % 磁体厚度(源点叠加磁铁)
hhm2 =  13 * 10^( -3);              % 磁体厚度(场点)
thita1 = 0;                        % 叠加磁铁变化角度
deta = 2 * (90 - om1 - om2 - om1_om2);  % 两组磁铁间的角度
h = 3 * 10^( -3);                  % % 气隙
h1 = 8 * 10^( -3);                 % % 叠加气隙
n = 44;                            % 精度值
thita = 45;                        % 转过的角度
beta_1 = 1;                        % 并列的两块磁铁之间有一个间隙角
Tzz1 = C(7.5 - beta_1,thita - beta_1 + 7.5,om1,h,n,hhm1,hhm2)
Tzz2 = C(7.5 + om1 + beta_1,thita + 7.5 + beta_1 + om1,om1,h,n,hhm1,hhm2)
Tzz3 = C(180 + 7.5 - beta_1,180 + 7.5 - beta_1 + thita,om1,h,n,hhm1,hhm2)
Tzz4 = C(180 + 7.5 + om1 + beta_1,180 + 7.5 + om1 + beta_1 + thita,om1,h,n,hhm1,hhm2)
Tzz5 = C(7.5 - om1 - om1_om2 - beta_1,thita + 7.5 - om1 - om1_om2 - beta_1,om2,h,n,hhm1,hhm2)
Tzz6 = C(7.5 + om1 + om1_om2 + om2 + beta_1,thita + 7.5 + om1 + om1_om2 + om2 + beta_1,om2,h,n,
hhm1,hhm2)
Tzz7 = C(7.5 + om1 + om1_om2 + om2 + deta + om2 - beta_1,thita + 7.5 + om1 + om1_om2 + om2 + deta +
om2 - beta_1,om2,h,n,hhm1,hhm2)
Tzz8 = C(7.5 + 180 + om1 + om1_om2 + om2 + beta_1,thita + 7.5 + 180 + om1 + om1_om2 + om2 + beta_
1, om2,h,n,hhm1,hhm2)
```

```
% 副磁铁中间
Tzz9 = C(7.5 - 2 - om1 - om1_om2 - om2/2 + om3 + thita1,thita + 7.5 - 2 - om1 - om1_om2 - om2/2 +
om3 +  thita1,om3,h1,n,hhm1_1,hhm2)
```

```
% 副磁铁之间夹角再增加 10°,由于开始扭矩小,45°扭矩大,看调整效果
Tzz10 = C(7.5 + 2 + om1 + om1_om2 + om2 - om2/2 - thita1,thita + 7.5 + 2 + om1 + om1_om2 + om2 -
om2/2 - thita1,om3,h1,n,hhm1_1,hhm2)
Tzz11 = C(7.5 - 2 + om1 + om1_om2 + om2 + deta + om2/2 + thita1,thita + 7.5 - 2 + om1 + om1_om2 +
om2 + deta + om2/2 + thita1,om3,h1,n,hhm1_1,hhm2)
Tzz12 = C(7.5 + 2 + 180 + om1 + om1_om2 + om2/2 - thita1,thita + 7.5 + 2 + 180 + om1 + om1_om2 +
om2/2 - thita1,om3,h1,n,hhm1_1,hhm2)
```

```
% Tzz = Tzz9 - Tzz10 + Tzz11 - Tzz12
Tzz_1 = Tzz1 - Tzz2 + Tzz3 - Tzz4 + Tzz5 - Tzz6 + Tzz7 - Tzz8 + Tzz9 - Tzz10 + Tzz11 - Tzz12
% Tzz = Tzz5 - Tzz6 + Tzz7 - Tzz8
% Tzz = Tzz1 - Tzz2 + Tzz3 - Tzz4
az = 0:45/n:45;
plot (az(1,:),Tzz_1(1,:))
```

```
% 主程序
% 得到最终的数据并完成绘图输出
function [ Tzz ] = Ch( al,au,om1,om2,h,n,hm1,hm2,M1,M2)
% % al 为转过角度最小值,au 为转过角度最大值,om1 为固定磁体自身角度,h 为气隙厚度,n 为精度
(取点的密度),n = 18~30
```

```
%    有关此函数的摘要
syms L1 L2 q
k0 = 4 * pi * 10^(-7);                    %真空磁导率
% hm1 = 5 * 10^(-3);                       %磁体厚度(源点)
% hm2 = 5 * 10^(-3);                       %磁体厚度(场点)
r2 = 110 * 10^(-3);                        %外径
r1 = 50 * 10^(-3);                         %内径
om2 = om2/180 * pi;                        %磁体角度(场点),动磁铁角度
I1 = hm1 * M1;                             %算出等效电流大小
I2 = hm2 * M2;
om1 = om1/180 * pi;                        %转化成弧度
au = au/180 * pi;                          %转化成弧度
al = al/180 * pi;                          %转化成弧度
%计算内容:
T1(n+1) = 0;T2(n+1) = 0;T3(n+1) = 0;T4(n+1) = 0;T5(n+1) = 0;T6(n+1) = 0;T(n+1) = 0;
Tz(n+1) = 0;
%2块磁铁对4块磁铁,应该有8个数据,由于有2对相等,所以简化为6个扭矩
t1(n+1) = 0;t2(n+1) = 0;t3(n+1) = 0;t4(n+1) = 0;t5(n+1) = 0;t6(n+1) = 0;az(n+1) = 0;
% %2块磁铁对4块磁铁,应该有8个数据,由于有2对相等,所以简化为6个
%为线扭矩
dL2 = (r2 - r1)/n;                         %为微元
dL1 = (r2 - r1)/n;                         %为微元
Tzz(n+1) = 0;                              %输出的扭矩,单位是 N·m
for hi = 0:hm2/n:hm2
    Ii = I2/n;
for h0 = hi + h:hm1/n:hi + h + hm1
    i = 0;
    I = I1/n;
for a = al:(au - al)/(n):au
    i = i + 1;
    az(i) = a;
    for L2 = r1:dL2:r2
        for L1 = r1:dL1:r2
            t1(i) = k0 * I * L2 * sin(a) * dL1/(4 * pi * (L1^2 + L2^2 - 2 * cos(a) * L1 * L2 + h0^
2)^1.5) + t1(i);
        end
    T1(i) = t1(i) * Ii * dL2/L2 + T1(i);
        t1(i) = 0;
    end
    a1 = a + om2;
    for L2 = r1:dL2:r2
        for L1 = r1:dL1:r2
            t2(i) = k0 * I * L2 * sin(a1) * dL1/(4 * pi * (L1^2 + L2^2 - 2 * cos(a1) * L1 * L2 + h0
^2)^1.5) + t2(i);
        end
```

```
    T2(i) = t2(i) * Ii * dL2/L2 + T2(i);
            t2(i) = 0;
    end
    a2 = a − om1;
    for L2 = r1:dL2:r2
        for L1 = r1:dL1:r2
            t3(i) = k0 * I * L2 * sin(a2) * dL1/(4 * pi * (L1^2 + L2^2 − 2 * cos(a2) * L1 * L2 +
h0^2)^1.5) + t3(i);
        end
        T3(i) = t3(i) * Ii * dL2/L2 + T3(i);
            t3(i) = 0;
    end
    a3 = a − om1 + om2;
    for L2 = r1:dL2:r2
        for L1 = r1:dL1:r2
            t4(i) = k0 * I * L2 * sin(a3) * dL1/(4 * pi * (L1^2 + L2^2 − 2 * cos(a3) * L1 * L2 +
h0^2)^1.5) + t4(i);
        end
        T4(i) = t4(i) * Ii * dL2/L2 + T4(i);
            t4(i) = 0;
    end
    for L2 = r1:dL2:r2
        dq = om1/n;
        for q = − a:dq:om1 − a
            t5(i) = k0 * I * r2 * (r2 − L2 * cos(q)) * dq/(4 * pi * (L2^2 + h0^2 + r2^2 − 2 * L2 *
r2 * cos(q))^1.5) − k0 * I * r1 * (r1 − L2 * cos(q)) * dq/(4 * pi * (L2^2 + h0^2 + r1^2 − 2 * L2 * r1 *
cos(q))^1.5) + t5(i);
        end
        T5(i) = t5(i) * Ii * dL2/L2 + T5(i);
            t5(i) = 0;
    end
    for L2 = r1:dL2:r2
        for q = − om2 − a:dq:om1 − om2 − a
            t6(i) = k0 * I * r2 * (r2 − L2 * cos(q)) * dq/(4 * pi * (L2^2 + h0^2 + r2^2 − 2 * L2 * r2 *
cos(q))^(3/2)) − k0 * I * r1 * (r1 − L2 * cos(q)) * dq/(4 * pi * (L2^2 + h0^2 + r1^2 − 2 * L2 * r1 *
cos(q))^(3/2)) + t6(i);
        end
        T6(i) = t6(i) * Ii * dL2/L2 + T6(i);
            t6(i) = 0;
    end
    T(i) = T1(i) − T2(i) − T3(i) + T4(i) + T5(i) − T6(i);
end
    for i = 1:1:n + 1
    Tz(i) = Tz(i) + T(i);
    T1(i) = 0;T2(i) = 0;T3(i) = 0;T4(i) = 0;T5(i) = 0;T6(i) = 0;
```

```
        end
end
    for i = 1:1:n + 1
    Tzz(i) = Tzz(i) + Tz(i);
    Tz(i) = 0;
        end
end
end
```